上海大学出版社

2005年上海大学博士学位论文 33

U0358910

传染病动力学模型及控制策略研究

- 作 者： 王 拉 娣
- 专 业： 运 筹 学 与 控 制 论
- 导 师： 王 汉 兴

Shanghai University Doctoral
Dissertation（2005）

Research on the dynamic models and controlling strategy of epidemic diseases

Candidate: Wang La-di
Major: Operations Research & Cybernetics
Supervisor: Wang Hanxing

Shanghai University Press
· **Shanghai** ·

上 海 大 学

      本论文经答辩委员会全体委员审查,确认符合上海大学博士学位论文质量要求.

答辩委员会名单：

主任:	李继彬	教授,昆明理工大学数学系	321004
委员:	刘曾荣	教授,上海大学数学系	200435
	李胜宏	教授,浙江大学数学学院	310027
	王芳贵	教授,南京大学数学学院	210093
	冷岗松	教授,上海大学数学系	200435
导师:	王汉兴	教授,上海大学	200435

评阅人名单：

李继彬　教授,昆明理工大学数学系　　　　321004

王稳地　教授,西南师范大学数学系　　　　400715

刘曾荣　教授,上海大学数学系　　　　　　200435

评议人名单：

韩茂安　教授,上海交通大学数学系　　　　200030

燕居让　教授,山西大学数学学院　　　　　030006

丁时进　教授,华南师范大学数学系　　　　510631

李建全　教授,空军工程大学理学院　　　　710051

答辩委员会对论文的评语

　　王拉娣博士论文选题是与传染病的数学模型有关. 这是一个即有理论意义又有应用价值国际上十分关注的研究课题. 该博士论文主要分三个部分: 第一部分研究了 4 类 SIS 传染病动力学模型, 第二部分研究了 4 类具有非线性传染率的 SIRS 模型, 第三部分对一类 SEIS 模型和一类 SIIR 模型进行了研究. 主要创新内容有: 首次建立了具有周期参数的传染病模型, 得到了疾病是否流行的阈值参数以及周期解稳定性分析的完整结果; 首次将一般形式的传染率引入带有常数输入率、指数死亡率以及因病死亡率 SEIS 传染病模型中, 得到了传染病能否在种群中持续存在的完整判定条件; 将不同类型的传染病者具有不同传染率这一现象反映到了模型中, 并针对一般形式传染率, 巧妙地应用各种数学技巧, 获得了各类模型全局渐近稳定性充要条件; 针对所研究的每类模型, 均提出了控制策略, 可为相关部门制订预防控制传染病预案提供理论依据.

　　综上所述论文所得结果系统性强, 具有创新性, 是篇优秀的博士论文. 论文反映出作者具备较强的独立从事科学研究的能力. 答辩过程中能准确地回答专家们提出的问题.

答辩委员会表决结果

经答辩委员会无记名投票,一致通过论文答辩,同意该同学毕业,并建议校学位委员会授予王拉娣理学博士学位.

答辩委员会主席：李继彬

2004 年 12 月 26 日

摘　　要

据世界卫生组织的研究报告,传染病仍是人类的第一杀手,人类正面临着种种传染病长期而严峻的威胁. 由于对传染病的研究不能采取实验形式,因此,对传染病发病机理、流行规律、趋势预测的研究就更需要理论分析、模拟仿真来进行. 传染病动力学模型就是对传染病研究的重要方法.

本文研究了传染病动力学模型的建立以及控制传染病策略两类问题. 全文共有四章,第二章建立并研究了 4 类 SIS 传染病模型,第三章研究了 4 类具有非线性传染率的 SIRS 模型,第四章主要对一类 SEIS 模型和一类 SI_1I_2R 模型进行研究. 所做的主要工作有:

1. 对于有些传染病既可垂直传播又可通过接触传播的流行特征,目前国内外通常是在假设病者无生育能力,传染率一般取标准或双线性形式建立模型进行研究. 本文首次建立了染病者有一定的生育力且新生儿中有相当比例是病毒携带者、接触传播具有一般传染率的动力学模型,并得到了控制此类传染病的阈值 R_0,标准传染率和双线性传染率的研究成果被包括其中;证明了当 $R_0 < 1$ 时,无病平衡点是局部渐近稳定且是全局吸引的,当 $R_0 > 1$ 时无病平衡点不稳定,此时存在惟一的地方病平衡点,且它是全局渐近稳定的. 由以上结论提出了防控措施为:

（1）加大染病者因染病的死亡率和治愈率. 若患病者是禽、

畜类可采取扑杀的办法;若是人类则可加快研究治疗药品以提高治愈率.

（2）降低染病者生育能力或提高染病者产生的后代中不是染病者的比例.这可采取人为的方法使患病者少生或不生第二代;或通过给新生儿注射疫苗等方式加大对阻断母婴垂直传播的力度.

2. 有些传染病的暴发与季节有关（如流行性感冒、禽流感等），因此,将具有周期性的参数引入模型中具有实际意义. 由于周期参数模型的复杂性,目前得到完整结果的研究文献很罕见.本文通过构造具有周期性的 Liapunov 泛函和 Dulac 函数等办法,首次获得此类模型的基本再生数和地方病周期解全局稳定的充要条件.

3. 在传染病动力学模型中,传染率是重要且不可缺少的项.在经典的传染病模型中,大量使用是双线性型和标准型.实际上,标准传染率和双线性传染率是两种极端的情形,不能合理解释传染病传播过程中出现的一些复杂现象.本文提出了较双线性和标准传染率更一般的形如 $\dfrac{\beta SI}{H+I}$、$\dfrac{\beta S}{S+I+cN}$、$\dfrac{\beta SI}{\varphi(I)}$ 的非线性型传染率,并将其引入 SIRS 流行病模型中.通过综合运用构造 Liapunov 泛函和 Dulac 函数等办法,获得了各类模型无病平衡点和地方病平衡点存在的阈值以及全局稳定性的完整结果,并依所得结果提出了减少对种群的外界输入,提高染病者的治疗率或采取捕杀染病者以加大染病死亡率来控制此种传染病的策略.

4. 对于具有潜伏期的传染病模型,往往难以降为平面系统研究,因而研究结果较少.本文首次将更合理的、形如 $\dfrac{\beta SI}{\phi(I)}$ 的传染率引入 SEIS 的传染病模型中,并借助 Fonda 的结论和排除空间周期解等方法得到了流行病意义上与基本再生数同样重要的传染病持续存在的条件.提出要消灭此种传染病可从两方面努力:延长其潜伏期和提高染病者的恢复率.

5. 首次针对感染者因体内病毒含量不同具有不同传染力的现象,依其传染力将染病者分成了两类,并赋予每类染病者形如 $\beta_i I_i \phi_i(S)$ 的一般饱和型传染率而建立模型,得到了此类模型的基本再生数 R_0,并证明了当 $R_0 < 1$ 时,无病平衡点是全局渐近稳定的;当 $R_0 > 1$ 时,惟一的地方病平衡点是局部渐近稳定的,且得到了惟一的地方病平衡点是全局渐近稳定的区域.

本文所研究的问题是动力学领域理论与应用上的重要问题,具有很大的研究价值,属于该领域理论与应用方面的前沿问题.文中所用的方法和所得结果对传染病动力学模型的研究和控制传染病方面都有重要的理论和实用价值.

关键词：传染病模型,控制策略,传染率,基本再生数,无病平衡点,地方病平衡点,稳定性

Abstract

According to The World Health Organization report, infective diseases are still the first killer for the human. The human are confronted with the menace of infective diseases for long-term. For the experimental methods are not permitted on study of the infective diseases, the theoretic analysis and simulation technology are required for mechanism of epidemic, law of spread and tendency of the epidemic diseases. The dynamic models have been taken an important role in studying infective disease. In this paper, the establishment of the epidemic diseases models and controlling strategy are studied.

The paper is departed into four parts. In the second part, the four SIS models are investigated; the four SIRS models with nonlinear incidence rate are studied in the third part; In the forth part, the SEIS and SI_1I_2R model are researched. Important results obtained in this paper as following:

1. Some epidemic diseases have the characteristic of transmission by mother to baby and contact. Up till now, the diseases are studied by the dynamic models with bilinear incidence rate and standard incidence rate under the hypothesis of the infective individuals having no fertility. The

2005 年上海大学
博士学位论文 ■

model with general incidence rate is established firstly under the hypothesis of the infective individuals having fertility and some proportion of the baby infected and the basic reproduction number is obtained. It is proved that the disease-free equilibrium is globally asymptotically stable when R_0 is not greater than one; the disease-free equilibrium is unstable, and endemic equilibrium is globally asymptotically stable when R_0 is greater than one. According the results above, the suggestions following are put forward:

1) Raising the death rate and recover rate of the infective individuals. If the infective individuals are birds or domestic animals, we can catch and kill them to increase the death rate. If the infective individuals are human, we must quicken the tempo of research and development of specific medicine to decrease the recovery rate.

2) Decreasing the fertility of infective individuals and proportion of the infected babies. This purpose can be realized by the vaccination of newborn etc. to obstruct the way of mother — baby.

2. Some infective diseases have the characteristic of periodic attacks such as flu and bird flu. To introduce the cyclic parameters into the model has important significance. For the model with cyclic parameters epidemic model complexity, there is a little research paper. The basic reproduction number and globally asymptotical stability of the model with cyclic parameters are first founded in this paper.

3. The incidence rate is a very important item in the

epidemic models. In the classical epidemic disease models, bilinear incidence rate and standard incidence rate have been frequently used. Actually, they are two extreme types and can not explain better the complex phenomena of disease transmission. In this paper, bilinear incidence rate and standard incidence rate are improved into nonlinear type as $\frac{\beta SI}{H+I}$, $\frac{\beta S}{S+I+cN}$, $\frac{\beta SI}{\varphi(I)}$ and was introduced into the four SIRS models. By constructing Liapunov function and Dulac function, the threshold of existence of the endemic equilibrium and disease-free equilibrium are obtained. According the globally stable results obtained of the four models, the controlling epidemic disease strategy that inducing the immigration and increasing the recovery rate and death rate is put forward.

4. Because it is difficult to cut down the model of epidemic disease having latency period in plane, so there is a little research paper and results. The paper first introduce more reasonable incidence rate as $\frac{\beta SI}{\phi(I)}$ to the SEIS model and obtains the condition of the epidemic disease sustained with Fonda conclusion and ruling out the spatial solution. The strategy is put forward that to prolong the latency period and lift the recovery rate of infective individuals for the disease is eradicated.

5. This paper first considers an SI_1I_2R epidemic model that incorporates two classes of infectious individuals with differential infectivity, and the incidence rate is nonlinear.

The basic reproduction number R_0 is found. If $R_0 < 1$, the disease-free equilibrium is globally asymptotically stable and the disease always dies out eventually. If $R_0 > 1$, a unique endemic equilibrium is locally asymptotically stable for general assumption. For a special case the global stability of the endemic equilibrium is proved.

Being important in the theory and application of the dynamic models, the problem discussed in this dissertation is of great study value and belongs to the forefront problem. The results obtained and methods applied in this paper provide not only guiding meanings in theoretical studies and practical values in the research on epidemic dynamic models and controlling strategy of infective diseases.

Key words: epidemic models, controlling strategy, incidence rate, basic reproduction number, disease-free equilibrium, endemic equilibrium, stability

目　　录

第一章　绪　　论

1.1　传染病模型研究的意义

　　传染病是由病菌、细菌和真菌等病原体或原虫、蠕虫等寄生虫感染人或其他生物体后所产生且能在人群或相关生物种群中引起流行的疾病[6].

　　众所周知,传染病历来就是人类的大敌.公元 600 年瘟疫的流行导致欧洲约一半人丧生,在死亡率最高时每天死亡达 1 万多人;使人闻之色变的黑死病(淋巴腺鼠疫)曾于 1346—1722 年 3 次大规模流行于欧洲,造成大批人员死亡,给人类带来了深重的灾难.长期以来,尽管人类与各种传染病进行了不屈不挠的斗争,特别是 20 世纪,取得了不少辉煌的成果,但是,征服传染病的道路依然曲折漫长.世界卫生组织(WTO)的研究报告表明,传染病仍然是人类的第一杀手.目前,全球 60 亿人口中约有半数受到各种不同传染病的威胁.以 1995 年为例,全世界共死亡 5 200 万人,其中 1 700 万人丧生于各种传染病[43].近 20 年来,像 AIDS 病、039 霍乱、疯牛病、SARS 等恶性传染病相继爆发,结核、白喉、鼠疫、登革热等一些老的传染病也重新抬头,特别是 AIDS 病传播迅速,联合国艾滋病规划署和 WTO 报告显示:截至 2000 年底,全球累计感染 HIV 病毒人数已达到 5 790 万人,每天有近 16 000 名新感染者.该两组织估计,若不采取紧急有效的措施,到 2101 年非洲人的平均寿命将因为艾滋病而下降 30 岁,非洲撒哈拉沙漠以南地区的一半人口将因 AIDS 而死亡.

　　解放以来,我国的传染病防治工作一直受到各级政府和研究部门的高度重视,在宣传和控制方面采取了一系列有力措施,取得了辉煌的成绩. 然而,随着国际贸易和交往的发展、生态环境的变化及病原体和传播媒介抗药性的增强,原来已灭绝或被控制的一些传染病:如性病、结核、血吸虫病等再次抬头且不断蔓延,一些新发的恶性传染病也来势凶猛. 例如,我国 1985 年发现首例艾滋病病例,1993 年以来 HIV 感染率高速增长,到 2000 年底我国共报告感染 HIV 病毒人数已达 22 517 例. 有关专家估计,实际感染人数已达 60 万,且每年以30% 的速度递增,若无有效控制手段,预计 2010 年将达到 1 000 万左右;又如 2002 年 11 月爆发的非典型性肺炎(SARS),传播迅速,在不到半年的时间内,在我国的染病者已逾 5 000 人,且扩散到 23 个国家和地区,给人民的生命和国民经济带来了重大影响. 若不是我国政府采取了强有力的措施对其及时地有效控制,后果不堪设想. 历史和现实都告诫我们,人类正面临着种种传染病长期而严峻的威胁,对传染病的防治及控制策略研究一刻也不能松懈.

由于对传染病的研究不能采取实验形式,因此,对各类传染病发病机理、流行规律、预测预报就更多的需要理论分析、定量分析、模拟仿真来进行,而上述分析都离不开针对各类传染病而建立的数学模型. 传染病动力学就是针对传染病的流行规律进行理论性定量研究的一种重要方法. 它是根据种群生长的特性、疾病发生和在种群内传播的规律以及与之有关的社会等因素,建立能反映传染病动力学特性的数学模型,通过对模型动力学性态的定性、定量分析和数值模拟,来显示疾病的发生过程,揭示其流行规律,预测其变化发展趋势,分析疾病流行的原因和关键因素,寻求对其预防和控制的最优策略,为人们制定防治决策提供理论基础和数量依据. 与传统的生物统计学方法相比,动力学方法能更好地从疾病的传播机理方面来反映流行规律,能使人们了解流行过程中的一些全局性态. 传染病动力学与生物统计学以及计算机仿真等方法的相互结合、相辅相成,使人们对疾病流行规律的认识更加深入、全面,能使所建立的理论与防治策略更加可靠和符合实际. 由于我们不能在人群中进行传染病的试验,因此通过所建立的数学模型来进行理论分析和数值模拟就显得格外重

要. 这样不仅可以利用数学模型来进行预测,还可以进行各种虚拟的
试验. 例如可以研究各种不同防治措施对疾病流行的影响;对同一疾
病在不同环境和不同种群中加以比较,或对不同疾病在同一种群中
进行比较;分析并确定影响疾病流行的最敏感的参数等等. 而这些实
验对疾病的防治将提供重要的依据和指南.

1.2　传染病动力学的几个基本概念

1. 有效接触率和传染率

在传染病动力学模型中,有一个非常重要且不可缺少的项,我们
称之为传染率.

一般来说,传染病是通过接触传播的. 单位时间内一个患者与其
他成员接触的次数称之为接触率,它通常依赖于环境中总成员数 N,
记作 $C(N)$. 如果被接触者为易感者,就有可能被传染. 设每次接触传
染的概率为 β_0,我们把赋有传染概率 β_0 的接触率称为有效接触率,即
$\beta_0 C(N)$. 它表示一个患病者传染他人的能力,反映了患者的活动能
力、环境条件以及病菌的毒力等因素. 应当注意,一般来说,总成员中
除了该患者外,还有其他患者、免疫者和潜伏者,当患者与这些成员
接触时不会发生传染,只有与易感者接触时才可能传染,而易感者 S
在总成员中所占比例为 $\dfrac{S}{N}$. 因此,每一患者对易感者的平均有效接触

率应为 $\beta_0 C(N) \dfrac{S}{N}$[38],它就是每一个患者平均对易感者的传播率,简

称传染率. 从而 t 时刻在单位时间内被所有患者传染的新成员数为:

$$\beta_0 C(N) \frac{S(t)}{N(t)} I(t)$$

称其为疾病发生率或传染率.

若假设接触率与总成员数成正比,即 $C(N) = kN$,于是有效接触

率为 $\beta_0 kN = \beta N$，其中 $\beta = \beta_0 k$ 称为传播率系数，这时疾病发生率为

$$\beta_0 C(N) \frac{S(t)}{N(t)} I(t) = \beta S(t) I(t)$$

这种疾病的发生率称为双线性发生率.

当所讨论种群的数量很大时，与成员总数成正比的接触率假设显然是不合实际的，因为单位时间内一个患者能接触其他成员的数量是有限的. 这时，常假定接触率为一常数 k，从而疾病发生率为 $\beta \frac{S(t)}{N(t)} I(t)$，其中 $\beta = \beta_0 k$ 为传染率系数，这种发生率称为标准型发生率. 有专家指出：对于人类和某些群居动物而言，标准发生率比双线性发生率更符合实际[60]. 在经典的传染病模型中，这两种传染率被大量的使用，

实际上，标准发生率和双线性发生率是两种极端的情形. 介于它们之间的具有饱和特性的接触率较之可能更符合实际. 例如 $\beta C(N) = \frac{aN}{1 + bN}$，其中 a 与 b 均为正常数. 当 N 较小时，它与 N 近似成正比，随着 N 的增大而逐渐达到饱和，当 N 很大时，它近似于常数 a/b. 此外，近 20 多年来又有一些传染率被提出，例如考虑接触的某些随机因素而提出的形如

$$\beta C(N) = \frac{aN}{1 + bN + \sqrt{1 + 2bN}}$$

的接触率[34]，它实际上也是一种形式的饱和接触率. 上述具体的接触率都有以下共同特征：

$$C'(N) \geqslant 0, \quad \left[\frac{C(N)}{N} \right]' \leqslant 0$$

于是，人们就可以能够更一般研究抽象形式的接触率以解释传染病传播过程中出现的一些复杂现象，如近年来，人们就提出了形如

$\beta I^p S^{q[14,15]}$，$\dfrac{bSI}{1+kS}^{[21,78]}$，$\dfrac{\beta I^p S}{1+\alpha I^q}$ 和 $g(I)S^{[16]}$ 非线性传染率，还有更一般的传染率 $IH(I, S)^{[14,27]}$ 和 $IG(I, S, N)^{[24]}$ 等.

2. 基本再生数

对于经典的传染病模型,有一个量 R_0 被称为基本再生数,它表示当总种群达到稳定的平衡态且个体均为易感者时,引入一个染病者,然后他在平均染病期内所能传染的人数. 显然, $R_0 = 1$ 作为疾病是否消亡的阈值,其实际含义是十分明显的. 当 $R_0 < 1$,即一个病人在平均染病期内能传染的最大人数小于 1 时,模型仅存在无病平衡点,它是全局渐近稳定的,这时疾病就会自然逐步消亡;反之,当 $R_0 >$ 1 时,模型还存在惟一的全局渐近稳定的地方病平衡点,即疾病将始终存在,并进而形成地方病,这时模型的无病平衡点是不稳定的. 因此,有许多研究工作者致力于寻找一定的传染病模型的基本再生数[64,86,131,132,133].

1.3　传染病动力学模型的基本形式

由于现实生活中传染病的广泛存在,因此通过建立适当的数学模型来研究传染病的传播过程和预测传染病发展的最终趋势等,已是数学知识应用的一个重要领域[1]. 早在 1760 年,D. Bernoulli 就曾用数学研究过天花的传播,但确定性传染病模型的研究始于 20 世纪. 1906 年 Hamer 为了理解麻疹的反复流行,构造并研究了一个离散时间的模型. 1911 年公共卫生医生 Ross 博士利用微分方程对疟疾在蚊虫与人群之间传播的动态行为进行了研究,其结果显示如果将蚊虫数量减少到一个临界值以下,疟疾的流行将会得到控制. Ross 的这项研究使他获得了诺贝尔医学奖. 1926 年 Kermark 与 Mckendrick 为了研究 1665—1666 年黑死病在伦敦的流行规律以及 1906 年瘟疫在孟买的流行规律,构造了著名的 SIR 仓室模型,继后,又在 1932 年提出了 SIS 仓室模型,并在分析所建立的模型的基础上,提出了区分疾病流行与否的"阈值定理",为传染病动力学的研究奠定了基础[7]. 传染病动力学于 20 世纪中叶开始蓬勃发展,标志性的著作是 Bailey 于 1957 年出版并于 1975 年再版的专著[12].

所谓仓室模型就是针对某类传染病将研究对象分为若干类——即若干仓室. 常用仓室有:易感者类(S),即由未染病者但有可能被传染的个体所组成的仓室;潜伏类(E),即由已染病但不具有传染力的个体所组成的仓室;染病者类(I),即由已染病并具有传染力的个体所组成的仓室;移除者类(R),即由未染病且具有免疫力的个体所组成的仓室. 当易感者与染病者接触并被传染后即成为染病者,染病者恢复后就进入移除者群体. 当移除者不具有永久免疫力时,经过一段时间后又会成为易感者. 根据这个传播过程,相应的传染病基本模型有 SI,SIS,SIR,SIRS,SEIR,SEIRS,SEI,SEIS 等类型,下面我们仅用框图形式把它们列举如下:

1. 不考虑出生与自然死亡等种群动力学因素. 适宜于描述病程较短,从而在疾病流行期间内,种群的出生和自然死亡可以忽略不计的一些疾病.

(1) 无疾病潜伏期

1) S-I 模型. 患病后不可治愈,且传染率为 βSI

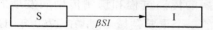

2) S-I-S 模型,患病后可治愈,但无免疫力,传染率为 βSI,恢复率为 γI

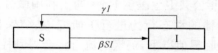

3) S-I-R 模型. 患病治愈后获得了终生免疫,传染率为 βSI,恢复率为 γI

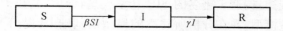

4）S-I-R-S模型. 患者康复后只有暂时免疫力, 单位时间内将有 δR 的康复者丧失免疫力而可能再次被感染.

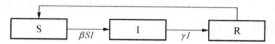

S-I-R-S模型与S-I-S模型的区别在于, 后者无免疫期, 康复者可以立即再次被感染, 后者染病者康复后进入具有免疫力的移出者类R, 再以比例系数 δ 丧失免疫力而变成易感者, 即 $\frac{1}{\delta}$ 为平均免疫期.

（2）有疾病潜伏期. 即在被感染后成为患病者I之前有一段病菌潜伏期, 假定在潜伏期内的感染者没有传染力. 记 t 时刻潜伏期的成员数为 $E(t)$, 且假设 t 时刻单位时间内, 由潜伏期到发病者的数量与该时刻的潜伏者数量成正比, 比例系数为 ω, $\frac{1}{\omega}$ 即为平均潜伏期. 这样的模型有

1）S-E-I-R模型, 康复者具有永久免疫力.

2）S-E-I-R-S模型. 病人康复后仅有暂时免疫力, 并以比例系数 δ 丧失免疫力而变成易感者, 即 $\frac{1}{\delta}$ 为平均免疫期.

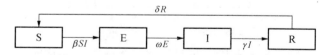

2. 添加种群动力学因素

（1）总人口恒定

即在疾病流行期间内, 考虑成员的出生与自然死亡等变化, 但假定出生率系数（即单位时间内出售者数量在总成员数中的比例）与自

然死亡率系数相等,且不考虑人口输入与输出以及因病死亡,从而总成员数保持一常数 K.

1) S-I-R 无垂直传染模型. 即母亲的疾病不会先天传给新生儿,故新生儿均为易感者.

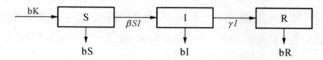

这里假设出生率系数与自然死亡率系数均为 b, $S(t)+I(t)+R(t)=K$.

2) S-I-R(有垂直传染且康复者的新生儿不具有免疫力)模型.

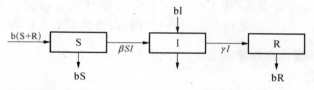

(2) 总成员数变动

即考虑因病死亡,成员的输入和输出,出生率系数与死亡率系数不相等,密度制约等因素,从而总成员数为时间 t 的函数 $N(t)$.

1) S-I-S(有垂直感染且有输入输出)模型

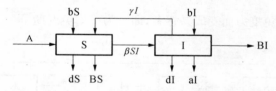

这里假定出生率系数为 b,自然死亡率系数为 d,因病死亡率系数(也称病死率)为 a,对种群的输入率为 A,且均为易感者,输出率系数为 B,且输出者关于易感者和患病者平均分配.

2) M-S-E-I-R(有先天免疫,无垂直感染)模型,即由于母亲抗体对胎儿的作用,使部分新生儿具有暂时的先天免疫力.

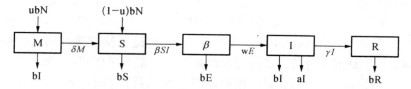

这里假定在新生儿中有比例 u 具有先天暂时免疫,平均先天免疫期为 $\frac{1}{\delta}$,然后进入易感者类;而比例 $(1-u)$ 的新生儿不具有先天免疫而直接归入易感者类,其余符号的含义与前面相同.

根据所建模型的系统形式划分,常见的传染病动力学模型有:常微分系统[9~84],它直接反映各仓室中个体的瞬时变化率与所有仓室在相应时刻的关系;偏微分系统[85~96],这是考虑年龄结构时常见的一种模型系统;时滞微分系统[97~118],它往往是相应与考虑阶段结构(如染病者具有确定的传染期、潜伏者具有确定的潜伏期、免疫者具有确定的免疫期等)时而出现的一种微分系统;脉冲微分系统[119~122],它能描述种群在脉冲出生或对种群进行脉冲预防接种等情况下,各仓室的变化状态.又由于在现实世界中,一个种群往往不能孤立存在,它总会在享受食物、资源和生存空间等方面与其他种群存在着某种形式的相互作用,因此,在近 20 年来,有一些专家学者将种群相互作用的数学模型与传染病动力学模型相融合并进行研究,取得了一些成果[123~130].

1.4 传染病模型研究概况

为了控制和预防传染病的传播,往往采取对染病者进行隔离或对易感者进行预防接种等措施.文[11,41]研究了带有隔离的 SIR 模型,分析了分支情况,并发现模型具有同宿分支.文[9]对带有隔离的 SIS 和 SIR 模型进行了讨论,其中一些模型会通过 Hopf 分支产生周期解.文[135,136]考虑了带有隔离的 SEIR 模型,也发现有一些情形会通过 Hopf 分支产生周期解.文[121,122]研究了具有脉冲预防接种的 SIR 传染病模型,得到了基本再生数,并证明了无病平衡点的局部渐近稳定性. 文[137,138]讨论了预防传染病的群体免疫最优策略. 文[89]对儿童传染病的多阶段接种建立了偏微分系统,并讨论了预防接种的最优策略. 文[43]研究了对易感者进行连续接种而疫苗有副作用(此副作用可能导致易感者染病)的 SIRS 模型,证明该模型具有 Hopf 分支和鞍结点分支. 文[56]讨论了具有新生者和易感者接种的 SEIRS 传染病模型,对平衡点的局部稳定性和 Hopf 分支进行了分析.

利用常微分方程来描述传染病是传染病动力学中成果最为丰富的一类,早期主要研究形如上述框图中所列举的那些基本模型. 对于这些模型当人口总数是常数(或不考虑出生与死亡,或设出生率与死亡率相等)时研究比较容易,结果也比较完整,因为这时模型一般可以降为平面系统. 如果出生率与死亡率不等,或考虑因病死亡率,或有密度制约等其他种群动力学因素,这时模型往往不能降维,需要在三维空间讨论,尽管对双线性发生率与标准传染率都有不少结果,但大多数限于平衡位置的局部性结果,全局结果常常是对无病平衡点获得,地方病平衡点(即正平衡点)全局稳定充要条件的结果很少,所得到的一些结果也大多是不考虑因病死亡率或附加了其他限制条件. 而对具有非线性传染率且又考虑因病死亡率或其他因素的传染病模型的研究结果更是极少.

1.5 本文结构及主要研究结果

本论文主要研究内容分为三部分:第一部分是研究针对不同传染病流行规律特征而建立的 4 类 SIS 模型;第二部分研究了具有不同形式非线性传染率的 4 类 SIRS 模型;第三部分对具有非线性传染率的 SEIS 模型和染病者具有不同传染力的 SI_1I_2R 模型进行了研究. 主要研究成果有:

1) 对于有些传染病具有既可垂直传播又可通过接触传播的流行规律,目前国内外通常取染病者不生育,传染率一般取标准或双线性形式建立模型进行研究.实际上病毒携带者往往并非不能生育,疾病只是影响其生育能力,而且染病者所产生的后代中有相当比例的新生儿是病毒携带者.在第二章首次建立了病毒携带者有一定生育能力,且所产生的新生儿中有相当比例是病毒携带者、一般接触传播具有非线性传染率的模型,得到了控制此类传染病的阈值 R_0,标准传染率和双线性传染率的情况被包括其中.证明了当 $R_0 < 1$ 时,无病平衡点是局部渐近稳定且是全局吸引的,当 $R_0 > 1$ 时无病平衡点不稳定,此时存在惟一的地方病平衡点,且它是全局渐近稳定的.由以上结论提出了防控措施为:

(1)加大染病者因染病的死亡率和治愈率.若患病者是禽、畜类可采取扑杀的办法;若是人类只可加快研究治疗药品以提高治愈率.

(2)降低染病者生育能力或提高染病者产生的后代中不是染病者的比例.这可采取人为的方法使患病者少生或不生第二代;或通过给新生儿注射疫苗等方式加大对阻断母婴垂直传播的力度.

2)在现实生活中,有些传染病是通过某种媒介(如蚊子)来传播给人体.也就是说,易感人体接受染病媒介的传播后成为染病者,而染病媒介又是由染病人体传染的.由于考虑由媒介传播的传染病模型往往复杂、维数比较高,因此得到的结果不多.本文在模型中引进分布时滞,使此类模型较简单,并且得到了比别人更好的研究结果.

3)实际中,有些传染病的发病与季节有关(如流行性感冒、禽流感等).由于春夏秋冬在自然界中周而复始的交替,因此,将具有周期性的参数引入模型中确实具有实际意义,但目前对于此类模型的研究文献较少见,得到完整结果更为罕见.其实有些种群的出生率、死亡率也与季节有关,因此在本文所考虑的传染病模型中,就将呈周期性变化的参数引入模型中,得到了模型的基本再生数和完整的分析结果.

4)具有垂直传播和一般接触的传染病模型,若外界对种群有常数迁入,而且,种群的自然死亡率和为一个常数的情况下,模型研究难度大大增加,比如在研究基本再生数 $R_0 = 1$ 时,就不能用 LaSalle 不变集方法解决,本节所用方法技巧性强,所得结果新颖.

5) 常见传染率的形式有双线性型和标准型,研究成果较多. 近年来,由于在流行病模型中引入了形式更一般的传染率,这就相应地使那些模型具有更复杂的动力学性态,从而有时用传统的分析方法很难达到目标. 随着研究的深入,对带有非线性传染率的传染病模型已有了不少研究成果. 本文对常见的双线性型和标准型传染率进行推广,提出了 $\dfrac{\beta SI}{H+I}$、$\dfrac{\beta S}{S+I+cN}$ 和 $\dfrac{\beta SI}{\varphi(I)}$ 等非线性传染率,并将其分别引入 SIRS 传染病模型中,通过构造 Liapunov 泛函和 Dulac 函数等办法,得到了分别具有型传染率的模型无病平衡点和地方病平衡点存在的阈值,并获得了各类模型的全局稳定性的完整结果. 并依所得结果提出了减少对种群的外界输入,提高染病者的治疗率或采取捕杀染病者以加大染病死亡率来控制此种传染病的策略.

6) 对于具有潜伏期的传染病模型,由于往往难以降为平面系统,研究比较困难. 研究者往往借助于轨道稳定和复合矩阵、排除空间周期解等方法,可能对某些模型得到完整的全局性结果. 其实,从流行病学的意义上讲,研究疾病的持续性与研究疾病的最终行为有着同样重要的意义. 关于流行病的持续性已有许多学者进行了研究. 在经典的这类流行病模型中通常使用双线性型和标准型的传染率,因而这些模型具有较简单的动力行为. 本文将更合理的、形如 $\dfrac{\beta SI}{\varphi(I)}$ 的传染率引入 SEIS 的传染病模型中,并借助 Fonda 的结论得到了传染病持续存在的条件. 提出要消灭此种传染病可从两方面努力:延长其潜伏期和提高染病者的恢复率.

7) 针对感染者因体内所含病毒水平而具有不同传染力的现象,依其传染力将染病者分成了两小类,并赋予每类染病者具有形如 $\beta_i I_i \phi_i(S)$ 的一般饱和型传染率首次建立了模型,得到了此类模型的基本再生数 R_0,并证明了当 $R_0 < 1$ 时,无病平衡点是全局渐近稳定的;当 $R_0 > 1$ 时,惟一的地方病平衡点是局部渐近稳定的,且在特殊情况下得到了惟一的地方病平衡点是全局渐近稳定的区域.

第二章 4类SIS模型研究

一般来讲,通过细菌传播的疾病,如脑病、淋病、肠道传染病等,患者康复后不具有免疫力,即这些染病者康复后又会成为易感者,有可能被再次感染,相应于此类传染病的模型就是一个SIS模型. 本章研究了4类针对不同传染病的传播流行特点而建立SIS模型,运用动力学理论对其进行了分析和研究,找到了各个模型模拟的传染病绝灭或成为地方病的阈值,为人们控制和预防疾病提供了一个理论依据和防控策略.

2.1 具有垂直传播和一般接触的SIS模型

有些传染病具有既可垂直传播又可通过接触传播的流行规律,染病者不仅能通过有效接触进行病毒的传播,另一个重要的传播途径是通过母婴这种垂直方式进行传播,目前国内外通常取染病者不生育,传染率一般取标准或双线性形式对这类疾病模型进行研究[30,31,32,21,59]. 而实际往往是染病者所产生的后代中有相当比例一出生就成为病毒携带者. 因此,考虑疾病只是影响生育,传染率为更一般形式应是更为合理,所以建立反映这种流行特性的数学模型并对其进行研究具有现实和重要意义.

2.1.1 基本假设与模型

在本节我们做如下基本假设:

1) 此类传染病可通过母婴渠道进行垂直传播,还可通过有效接触进行传播.

2) 种群的出生率是 $B>0$,自然死亡率是 $D(N)$,其中, $D(N)$ 满足如下条件：

$D(N)$ 是连续可微、非负、非减函数，且 $D(0^+) < B < D(+\infty)$

3）$\rho(0 \leqslant \rho \leqslant 1)$ 表示染病者生产的新生儿中不是染病者的比例，显然 $\rho = 0$，显示染病者生产的新生儿中全部是染病者，$\rho = 1$，显示染病者生产的新生儿中全不是染病者.

4）染病会给患者的生育能力造成影响，用 $1-\delta$ 表示染病者的生育能力. 显然当 $\delta = 1$ 时表示染病后会完全丧失生育能力，当 $\delta = 0$ 时则说明染此病不影响染病者的生育能力，而当 $0 < \delta < 1$ 时，表明染病会对染病者生育能力有一定影响.

5）$\alpha > 0$ 表示染病者因染病的死亡率.

6）$\gamma > 0$ 表示治愈率.

7）$\beta(N)$ 是疾病通过有效接触进行传播的传播系数，$\beta(N)SI$ 是传染率. 假定 $\beta(N)$ 是连续可微且非负的函数并且满足条件：

$$\beta'(N) \leqslant 0,\ [N\beta(N)]' \geqslant 0$$

显然，$\beta(N) = \lambda$ 就是双线性型传染率，$\beta(N) = \dfrac{\lambda}{N}$ 对应标准型传染率.

因此本节所考虑的传染病传播框图为

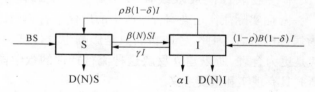

根据框图可容易建立模型为

$$\begin{cases} \dot{S} = [B-D(N)]S + \rho B(1-\delta)I - \beta(N)SI + \gamma I \\ \dot{I} = \beta(N)SI + (1-\rho)B(1-\delta)I - [\alpha+\gamma+D(N)]I \end{cases}$$

$$(2.1.1)$$

由 $N = S+I$，所以，将(2.1.1)两方程相加可得：

$$N' = [B - D(N)]N - (\alpha + B\delta)I \qquad (2.1.2)$$

由(2.1.2)和假设2)可知:当种群不存在疾病时,种群变化规律符合方程 $N' = [B - D(N)]N$. 由假设2)知,它有惟一全局渐进稳定的平衡点 $N_0 = D^{-1}(B)$(即 $D(N_0) = B$). 因此,鉴于实际背景,只在范围 $[0, N_0]$ 内考虑 N.

令 $u = \dfrac{I}{N}$,即表示染病者在总种群中所占比例,由(2.1.1)和(2.1.2)可得:

$$\begin{cases} u' = u\{(1-u)[c(N) - \alpha - B\delta] - \rho B(1-\delta) - \gamma\} \triangleq uF(u, N) \\ N' = N[B - D(N) - (\alpha + B\delta)u] \triangleq NG(u, N) \end{cases}$$
$$(2.1.3)$$

其中 $c(N) = N\beta(N)$,显然它是非负且连续可微的.

易知,集合 $\Omega = \{(u, N): 0 \leqslant u \leqslant 1, 0 \leqslant N \leqslant N_0\}$ 是(2.1.3)的正不变集,因此以下考虑仅在 Ω 上进行.

2.1.2 平衡点的存在性

易知(2.1.3)总有平凡平衡点 $E_0(0, 0)$(绝灭平衡点)、$E_1(0, N_0)$(无病平衡点). 本节主要讨论(2.1.3)的正平衡点(地方病平衡点)$E^*(u^*, N^*)$ 的存在性.

显然,u^*, N^* 是方程组:

$$\begin{cases} F(u, N) = 0 \\ G(u, N) = 0 \end{cases}$$

即

$$\begin{cases} (1-u)[c(N) - \alpha - B\delta] = \rho B(1-\delta) + \gamma \\ B - D(N) = (\alpha + B\delta)u \end{cases} \qquad (2.1.4)$$

在 Ω 内部的解.

由(2.1.4)可知 N^* 满足不等式：$c(N) > \alpha + B\delta$ 和 $D(N) < B$. 又由(2.1.4)的第二个方程有：

$$u^* = \frac{B - D(N^*)}{\alpha + B\delta} < 1 \qquad (2.1.5)$$

由(2.1.5)可得：

$$D(N^*) > B(1-\delta) - \alpha \qquad (2.1.6)$$

注意到

$$u' = \frac{I'}{N} - \frac{I}{N}\frac{N'}{N}, \text{ 而 } u^*, N^* \text{ 满足 } u' = 0, N' = 0, \text{因此 } u^*, N^*$$

也满足 $I' = 0$. 又因为

$S + I = N$, 所以 $S = N - I = N(1-u)$, 将其带入(2.1.1)的第二个方程的右边并整理可知：u^*, N^* 满足方程

$$c(N)(1-u) = D(N) + \alpha + \gamma - B(1-\rho)(1-\delta)$$

将(2.1.5)带入上式，整理即得

$$f(N) = \frac{c(N)}{\alpha + B\delta} = 1 + \frac{\gamma + B\rho(1-\delta)}{D(N) + \alpha - B(1-\delta)} \triangleq g(N)$$

$$(2.1.7)$$

以下将通过讨论(2.1.7)的根的存在性而获得(2.1.3)的正平衡点的存在性. 由假设2)和假设7)可知：$f(N)$ 单调不减，$g(N)$ 单调不增.

因此，当 N 从 0 增至 N_0 时，$f(N)$ 从 $f(0^+)$ 增至 $f(N_0) = \frac{c(N_0)}{\alpha + B\delta}$；$g(N)$ 从 $g(0^+)$ 减至 $g(N_0)$，注意到

$$D(N_0) = B, \text{ 所以有 } g(N_0) = \frac{\gamma + \alpha + B - B(1-\delta)(1-\rho)}{\alpha + B\delta} > $$

0. 显然 $f(0^+) = 0$，而 $g(N_0) > 0$，所以有 $g(0^+) > 0$，因而总有 $f(0^+) < g(0^+)$.

情形 1 设 $\delta = 1$，即染病者完全丧失生育能力，这时(2.1.7)

变为

$$f(N) = \frac{c(N)}{\alpha + B} = 1 + \frac{\gamma}{D(N) + \alpha} \triangleq g(N)$$

由此可知此时(2.1.7)在$(0, N_0)$上存在正根的充要条件为:

$$f(N_0) > g(N_0)$$

即 $$c(N_0) > \gamma + \alpha + B.$$

情形 2 设$\delta < 1$,且$\alpha - B(1 - \delta) = 0$,即染病者并不完全丧失生育能力,但由于染病对其生育能力有影响,且其生育率与因病死亡率相等,这时(2.1.7)变为

$$f(N) = \frac{c(N)}{B} = 1 + \frac{\gamma + \alpha\rho}{D(N)} \triangleq g(N)$$

因此可知此时(2.1.7)在$(0, N_0)$上存在正根的充要条件为:

$$c(N_0) > \gamma + \alpha\rho + B.$$

情形 3 设$\delta < 1$,且$\alpha - B(1 - \delta) > 0$,即染病者并不完全丧失生育能力,但由于染病对其生育能力有影响,且其生育率小于因病死亡率,则(2.1.7)在$(0, N_0)$上存在正根的充要条件为:

$$c(N_0) > \alpha + \gamma + B - B(1 - \delta)(1 - \rho).$$

情形 4 设$\delta < 1$,且$\alpha - B(1 - \delta) < 0$. 即染病者并不完全丧失生育能力,但由于染病对其生育能力有影响,且其生育率大于因病死亡率,注意到$B = D(N_0) > B(1 - \delta) - \alpha > 0$.

(i) 若$D(0) \geqslant B(1 - \delta) - \alpha$,则$g(N)$在$(0, N_0)$上连续且单调不增. 于是(2.1.7)在$(0, N_0)$上有正根的充要条件为:

$$c(N_0) > \alpha + \gamma + B - B(1 - \delta)(1 - \rho).$$

(ii) 若$D(0) < B(1 - \delta) - \alpha$,则$g(N)$在$(0, N_0)$内有垂直渐近线$N = D^{-1}(B(1 - \delta) - \alpha) \triangleq \bar{N}$. 由(2.2.6)知,$N^* > \bar{N}$,所以仅在

$(\overline{N}, N_0)$ 上讨论 (2.1.7) 的根的存在性.

显然这时当

$f(N_0) \leqslant g(N_0)$ 即 $c(N_0) \leqslant \gamma + \alpha + B - B(1-\delta)(1-\rho)$ 时
(2.1.7) 在 $(\overline{N}, N_0)$ 无根.

当 $f(N_0) > g(N_0)$ 即 $c(N_0) > \gamma + \alpha + B - B(1-\delta)(1-\rho)$
时 (2.1.7) 在 $(\overline{N}, N_0)$ 有根.

将情形 1 至情形 4 中所确定的正根 N^* 代入 (2.1.5) 中即得 u^*,
并由推导过程可知 (u^*, N^*) 确系 (2.1.3) 在 Ω 内的平衡点. 于是关
于 (2.1.3) 的正平衡点的存在性有

定理 1 下列结论成立

(1) 当 $\delta = 1$, 则 (2.1.3) 存在正平衡点的充要条件为:

$$c(N_0) > \alpha + \gamma + B.$$

(2) 当 $\delta < 1$, 且 $\alpha - B(1-\delta) = 0$, 则 (2.1.3) 存在正平衡点的充
要条件为:

$$c(N_0) > \alpha\rho + \gamma + B.$$

(3) 当 $\delta < 1$, $\alpha - B(1-\delta) > 0$, 则 (2.1.3) 存在正平衡点的充
要条件为:

$$c(N_0) > \alpha + \gamma + B - B(1-\delta)(1-\rho).$$

(4) 当 $\delta < 1$, $\alpha - B(1-\delta) < 0$, 则 (2.1.3) 存在正平衡点的充
要条件为:

$$c(N_0) > \alpha + \gamma + B - B(1-\delta)(1-\rho).$$

由于 $\alpha + \gamma + B - B(1-\delta)(1-\rho) < \alpha + \gamma + B$, 因此, 由定理 1
可知:

当 $c(N_0) < \alpha + \gamma + B - B(1-\delta)(1-\rho)$ 时, (2.1.3) 不存在正平
衡点.

2.1.3　平衡点的稳定性

系统(2.1.3)在 $E_0(0, 0)$ 和 $E_1(0, N_0)$ 处的雅可比矩阵为

$$J(E_0) = \begin{pmatrix} c(0^+) - [\alpha+\gamma+B-B(1-\delta)(1-\rho)] & 0 \\ 0 & B-D(0^+) \end{pmatrix}$$

和 $J(E_1) = \begin{pmatrix} c(N_0) - [\alpha+\gamma+B-B(1-\delta)(1-\rho)] & 0 \\ 0 & -N_0 D(N_0) \end{pmatrix}$

由于 $D(0^+) < D(N_0) = B$,所以关于 $E_0(0, 0)$ 和 $E_1(0, N_0)$ 的稳定性有

定理 2　平凡平衡点 $E_0(0, 0)$ 是不稳定的;无病平衡点 $E_1(0, N_0)$ 当 $c(N_0) < \alpha+\gamma+B-B(1-\delta)(1-\rho)$ 时是全局渐近稳定的,此时不存在地方病平衡点;当 $c(N_0) > \alpha+\gamma+B-B(1-\delta)(1-\rho)$ 时无病平衡点是不稳定的.

证明　由 $J(E_0)$ 可知 $E_0(0, 0)$ 不稳定.

由 $J(E_1)$ 可得:当 $c(N_0) > \alpha+\gamma+B-B(1-\delta)(1-\rho)$ 时 $E_1(0, N_0)$ 不稳定;当 $c(N_0) < \alpha+\gamma+B-B(1-\delta)(1-\rho)$ 时易知 $E_1(0, N_0)$ 是局部渐近稳定的,下面证明此时 $E_1(0, N_0)$ 在 Ω 上还是全局吸引的.

当 $c(N)-\alpha-B\delta \geqslant 0$ 时,由(2.1.3)中的第一个方程有

$$u' \leqslant u[c(N)-\alpha-\gamma-B\delta-\rho B(1-\delta)]$$
$$= u\{c(N)-[\alpha+\gamma+B-B(1-\delta)(1-\rho)]\}$$

当 $c(N)-\alpha-B\delta < 0$ 时,同样由(2.1.3)中的第一个方程有

$$u' = -u[\rho B(1-\delta)+\gamma]$$

因此,在 Ω 上有

$$u' \leqslant u \cdot \max\{c(N)-[\alpha+\gamma+B-B(1-\delta)(1-\rho)],$$

$$-[\rho B(1-\delta)+\gamma]\} \leqslant u \cdot \max\{c(N_0)-[\alpha+\gamma+$$

$$B-B(1-\delta)(1-\rho)], -[\rho B(1-\delta)+\gamma]\}$$

这里用到了 $c'(N) \geqslant 0$ 和 $N \leqslant N_0$.

又因 $c(N_0) < \alpha+\gamma+B-B(1-\delta)(1-\rho)$，所以

$$\lim_{t\to+\infty} u(t) = 0, \text{进而} \lim_{t\to+\infty} N(t) = N_0.$$

即当 $c(N_0) < \alpha+\gamma+B-B(1-\delta)(1-\rho)$ 时 $E_1(0, N_0)$ 在 Ω 上是全局吸引的.

综合 $E_1(0, N_0)$ 的局部稳定性知,当 $c(N_0) < \alpha+\gamma+B-B(1-\delta)(1-\rho)$ 时 $E_1(0, N_0)$ 是全局渐近稳定的.

对于系统(2.1.3)的正平衡点(地方病平衡点)$E^*(u^*, N^*)$ 的稳定性我们有

定理 3 若地方病平衡点 $E^*(u^*, N^*)$ 存在,则其在 Ω 内一定是全局渐近稳定的.

证明 系统(2.1.3)在地方病平衡点 $E^*(u^*, N^*)$ 处的雅可比矩阵为

$$J(E^*) = \begin{pmatrix} u^* F_u(u^*, N^*) & u^* F_N(u^*, N^*) \\ N^* G_u(u^*, N^*) & N^* G_N(u^*, N^*) \end{pmatrix}$$

由于

$$F_u(u, N) = -[c(N)-\alpha-B\delta],$$

$$G_N(u, N) = -D'(N), c(N^*) > \alpha+B\delta,$$

所以

$$F_u(u^*, N^*) < 0, G_N(u^*, N^*) \leqslant 0, \text{且} G_u(u, N) = -(\alpha+B\delta) < 0$$

注意到当

$c(N) \neq \alpha+B\delta$ 时,u^*, N^* 应满足 $F(u, N) = 0$, $G(u, N) = 0$,

即
$$u = h_1(N) = 1 - \frac{\rho B(1-\delta) + \gamma}{c(N) - \alpha - B\delta}$$

$$u = h_2(N) = \frac{B - D(N)}{\alpha + B\delta}$$

显然，函数 $h_1(N)$ 单调不减，$h_2(N)$ 单调不增. 而正平衡点正是曲线 $u = h_1(N)$ 和曲线 $u = h_2(N)$ 在 Ω 内的交点，所以在 $E^*(u^*, N^*)$ 处应有曲线 $u = h_1(N)$ 和曲线 $u = h_2(N)$ 的斜率异号. 因此有

$$-\frac{G_N(u^*, N^*)}{G_u(u^*, N^*)} < 0 < -\frac{F_N(u^*, N^*)}{F_u(u^*, N^*)}$$

由于 $G_u(u^*, N^*) < 0$，$F_u(u*, N^*) < 0$，所以由上式可知

$$F_u(u^*, N^*) \cdot G_N(u^*, N^*) - F_N(u^*, N^*) \cdot G_u(u^*, N^*) > 0$$

于是对于 $J(E^*)$ 有

$$trJ(E^*) = u^* F_u(u^*, N^*) + N^* G_N(u^*, N^*) < 0$$

$$\det J(E^*) = u^* N^* [F_u(u^*, N^*)G_N(u^*, N^*) -$$

$$F_N(u^*, N^*)G_u(u^*, N^*)] > 0$$

因此 $E^*(u^*, N^*)$ 是局部渐近稳定的.

由于 $u'|_{u=1} = -[\rho B(1-\delta) + \gamma] < 0$，所以 $u = 1$ 为(2.1.3)的无切曲线. 又 $u = 0$，$N = 0$ 均为(2.1.3)的解曲线，故取 Dulac 函数为

$$B(u, N) = \frac{1}{Nu(1-u)},$$

则在 Ω 内有

$$\frac{\partial(uFH)}{\partial u} + \frac{\partial(uGH)}{\partial N} = -\frac{\rho B(1-\delta) + \gamma}{N(1-u)^2} - \frac{D'(N)}{u(1-u)} < 0$$

即 $E^*(u^*, N^*)$ 在 Ω 内是全局渐近稳定.

2.1.4　结论

记 $R_0 = \dfrac{c(N_0)}{\alpha + \gamma + B - B(1-\delta)(1-\rho)}$，由以上对模型的分析所得到的定理，我们可有以下结论：

(1) 在染病者因染病而完全丧失生育能力的情况下，若有 $c(N_0) > \alpha + \gamma + B$（此时 $R_0 > 1$），则此类传染病将在种群内演变成地方病而长久存在. 在 $R_0 < 1$ 的情况下，此类传染病将在种群内逐渐控制消失.

(2) 在染病者因染病不完全丧失生育能力而只是对其生育能力有影响的情况下，只要 $R_0 > 1$，此类传染病就将在种群内演变成地方病而长久存在；只有在 $R_0 < 1$ 的情况下，此类传染病将在种群内逐渐控制消失.

综合以上 2 点，结合 R_0 的表达式，提出如下的防控此类传染病的思路和具体策略：

调控 R_0 中的参数，使 $c(N_0)$ 尽可能小，而使 $\alpha + \gamma + B - B(1-\delta)(1-\rho)$ 尽可能大. 由于短时间内很难改变种群的出生率 B，所以可采取的具体措施可为：

(1) 加大染病者因染病的死亡率 α 和治愈率 γ. 若患病者是禽、畜类可采取扑杀的办法；若是人类则可加快研究药品，提高治愈率.

(2) 减小染病者的生育能力 $(1-\delta)$ 或增大染病者所产生的后代中不是染病者的比例 ρ. 这可采取人为的方法使患病者少生或不生第二代；或加大对阻断母婴垂直传播的科研力度，例如，现在的医学技术可通过给新生儿注射疫苗辅助不采取母亲喂奶方式可将乙肝患者生产的新生儿的 ρ 提高到 85%—95%，对阻断垂直传播、防止"乙肝"传染病的扩散起到很好作用.

(3) 当 $\beta(N) = \dfrac{\lambda}{N}$ 时，即 $\beta(N)$ 为标准型时，$c(N_0) = N_0\beta(N_0) = N_0\dfrac{\lambda}{N_0} = \lambda$，此时条件 $R_0 < 1$ 就成为 $\lambda < \alpha + \gamma + B - B(1-\delta)(1-$

ρ),这个不等式就可作为防治控制传染病的目标值,当通过各种办法使上述不等式成立时,我们知道这就意味着疾病将逐渐灭绝.

2.2 具有分布时滞的 SIS 模型

在现实生活中,有些传染病是通过某种媒介(如蚊子)来传播给人体的[3]. 也就是说,易感人体接受染病媒介的传播后成为染病者,而染病媒介又是由染病人体传染的. 由于考虑由媒介传播的传染病模型往往复杂、维数比较高,因此得到的结果不多[71,85,111,144,107]. 本节在模型中引进分布时滞,得到了比别人更好的结果.

2.2.1 模型的建立

有些传染病是通过某种媒介进行传染的,例如脑炎、疟疾等,因此要建立此类传染病的模型需做如下假设:

1)传播疾病的媒介个体数量非常大,以至于每个人体被传染的机会均等.

2)设媒介被传染 $\tau > 0$ 时刻后会对人体进行传染.

3)d 表示各类人群的自然死亡率.

4)A 表示对人体的常数输入率.

5)传染率设为 $\beta S(t)\int_0^\infty f(\tau)I(t-\tau)d\tau$,其中 $S=S(t)$ 和 $I=I(t)$ 分别表示 t 时刻感染人群和染病人群的数量. 即 t 时刻的传染率既与该时刻的易感者数量有关,又与该时刻以前的 $\beta S(t)\int_0^\infty f(\tau)I(t-\tau)d\tau$ 染病者数量有关. 其中 $f(t)$ 是一个非负的权函数,在 $R_{+0}=[0,\infty)$ 上平方可积,且满足

$$\int_0^\infty f(\tau)d\tau = 1, \quad \int_0^\infty \tau f(\tau)d\tau < \infty.$$

显然所设传染率是较双线性形式传染率更符合实际. 因疾病在

人群间的传染率取为双线性时可表示为 $\beta S(t)I(t-\tau)$（其中 β 为有效接触数）. 可是, 更现实的假设认为 τ 是一个分布参数.

6）当人群中无疾病存在或者疾病存在但不会导致染病者死亡时, 人群的生长规律符合方程

$$N' = A - dN$$

其中, $N = N(t)$ 表示 t 时刻人体总数.

7）当疾病存在时, 感染者恢复后不具有免疫力.

这样, 所要研究的传染病传播框图可表示为：

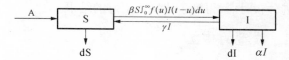

根据框图可建立模型为：

$$\begin{cases} S' = A - \beta S \displaystyle\int_0^\infty f(u)I(t-u)\,du - dS + \gamma I \\ I' = \beta S \displaystyle\int_0^\infty f(u)I(t-u)\,du - (d+\gamma+\alpha)I \end{cases} \quad (2.2.1)$$

由于 $S+I=N$, 所以系统（2.2.1）等价于系统

$$\begin{cases} I' = \beta(N-I)\displaystyle\int_0^\infty f(u)I(t-u)\,du - dS + \gamma I \\ N' = A - dN - \alpha I \end{cases} \quad (2.2.2)$$

根据实际意义, 设系统（2.2.2）的初始条件为

$$I(t) = \varphi_1(t), \quad N(t) = \varphi_2(t), \quad t \leqslant 0 \quad (2.2.3)$$

其中

$$\varphi(t) = (\varphi_1(t), \varphi_2(t)) \in C((-\infty, 0], R^2),$$

$$\varphi_i(t) \geqslant 0, \quad \varphi_i(0) > 0, \quad i = 1, 2.$$

　　当染病者恢复后具有永久免疫力时,对应的模型为 SIR 传染病模型. 文献[4]讨论了不含有因病死亡情形下的 SIR 传染病模型,得到较完整的结果.

　　易知,系统(2.2.2)在初始条件(2.2.3)下的解,当 $t \geqslant 0$ 时存在且惟一[5]. 同时,区域 $D = \left\{ (I, N) : 0 \leqslant I < N \leqslant \dfrac{A}{d} \right\}$ 是系统(2.2.2)的正不变集. 因此,本文将主要在区域 D 内讨论系统(2.2.2)的性态.

2.2.2　平衡点及其局部稳定性

对系统(2.2.2)直接计算,容易得到:

定理 1　记 $R_0 = \dfrac{A}{d} \cdot \dfrac{\beta}{d + \gamma + \alpha}$. 系统(2.2.2)始终存在无病平衡点 $P_0(I_0, N_0) = \left(0, \dfrac{A}{d}\right)$,当 $R_0 > 1$ 时还存在地方病平衡点 $P_\varepsilon(I_\varepsilon, N_\varepsilon)$,其中

$$I_\varepsilon = \frac{1}{d + a}\left[A - \frac{d}{\beta}(d + \gamma + \alpha)\right],$$

$$N_\varepsilon = \frac{1}{d + a}\left[A + \frac{\alpha}{\beta}(d + \gamma + \alpha)\right].$$

证明　系统(2.2.2)的平衡点 $P(I^*, N^*)$ 应满足 $I' = 0, N' = 0$,即:

$$\begin{cases} \beta(N^* - I^*)\displaystyle\int_0^\infty f(u)I^* du - (d + \gamma + \alpha)I^* = 0 \\ A - dN^* - \alpha I^* = 0 \end{cases}$$

由 $\displaystyle\int_0^\infty f(u)du = 1$ 可有

$$\begin{cases} [\beta(N^* - I^*) - (d + \alpha + \gamma)]I^* = 0 \\ A - dN^* - \alpha I^* = 0 \end{cases}$$

故有

(i) $I^* = I_0 = 0$, $N^* = \dfrac{A}{d} = N_0$;

(ii) $I^* \neq 0 = I_e$，则由上述方程组可解得：

$$I_e = \frac{1}{d+a}\left[A - \frac{d}{\beta}(d+\gamma+\alpha)\right], \quad N_e = \frac{1}{d+a}\left[A + \frac{\alpha}{\beta}(d+\gamma+\alpha)\right].$$

定理 2 对于系统(2.2.2)，无病平衡点 P_0 当 $R_0 < 1$ 时是渐近稳定的；当 $R_0 > 1$ 时是不稳定的；地方病平衡点 P_e 是渐近稳定的.

证明 令 $x = I - I_0$，$y = N - N_0$，代入(2.2.2)可得

$$\begin{cases} x' = \beta(y + N_0 - x)\int_0^\infty f(u)x(t-u)du - (d+\alpha+\gamma)x \\ y' = A - d(y + N_0) - \alpha(x + I_0) \end{cases}$$

即

$$\begin{cases} x' = \beta(y-x)\int_0^\infty f(u)x(t-u)du + \\ \qquad \beta N_0 \int_0^\infty f(u)x(t-u)du - (d+\alpha+\gamma)x \\ y' = -dy_0 - \alpha x_0 \end{cases}$$

因此容易得到系统(2.2.2)对应于平衡点 P_0 和 P_e 的线性化系统分别是

$$\begin{cases} x' = \beta \cdot \dfrac{A}{d}\int_0^\infty f(u)x(t-u)du - (d+\gamma+\alpha)x \\ y' = -dy - \alpha x \end{cases} \tag{2.2.4}$$

令 $x = I - I_e$，$y = N - N_e$，代入(2.2.2)可得

$$\begin{cases} x' = \beta(y + N_e - x - I_e)\int_0^\infty f(u)[x(t-u) + \\ \qquad I_e]du - (d+\alpha+\gamma)(x + I_e) \\ y' = A - d(y + N_0) - \alpha(x + I_0) \end{cases}$$

注意到 $N_e - I_e = \dfrac{1}{\beta}(d+\alpha+\gamma)$，$\displaystyle\int_0^\infty f(u)du = 1$，上面方程组可整理为：

$$
\begin{cases}
x' = (d+\alpha+\gamma)\displaystyle\int_0^\infty f(u)x(t-u)du + \beta(y-x)I_e - \\
\qquad (d+\alpha+\gamma)x + \beta(y-x)\displaystyle\int_0^\infty f(u)x(t-u)du \\
y' = -dy - \alpha x
\end{cases}
$$

因此容易得到系统(2.2.2)对应于平衡点 P_e 的线性化系统是

$$
\begin{cases}
x' = -\beta I_e x - (d+\gamma+\alpha)\left[x - \displaystyle\int_0^\infty f(u)x(t-\right. \\
\qquad \left. u)du\right] + \beta I_e y \\
y' = -dy - \alpha x
\end{cases}
\tag{2.2.5}
$$

将 $x = c_1 e^{-\lambda t}$ $y = c_2 e^{-\lambda t}$，代入(2.2.4)和(2.2.5)，可得到对应于平衡点 P_0 和 P_e 的特征方程

$$
(\lambda+d)\left[\lambda+d+\alpha+\gamma-\beta\cdot\dfrac{A}{d}\int_0^\infty f(u)e^{-\lambda u}du\right] = 0 \tag{2.2.6}
$$

$$
(\lambda+d)\left\{\lambda+\beta I_e + (d+\alpha+\gamma)\cdot\left[1-\int_0^\infty f(u)e^{-\lambda u}du\right]\right\} + \alpha\beta I_e = 0 \tag{2.2.7}
$$

方程(2.2.6)除有根 $\lambda = -d$ 外，其余的根由方程

$$
\lambda+d+\alpha+\gamma-\beta\cdot\dfrac{A}{d}\int_0^\infty f(u)e^{-\lambda u}du = 0 \tag{2.2.8}
$$

来确定.

假设方程(2.2.8)存在根 $\lambda = \mu + i\omega$（其中 $\mu \geqslant 0$），则将 $\lambda = \mu + i\omega$ 代入(2.2.8)可得

$$
\mu + i\bar{\omega} + d + \alpha + \gamma - \beta\dfrac{A}{d}\int_0^\infty (f(u)e^{-u\mu}(\cos u\bar{\omega} + i\sin u\bar{\omega})du = 0
$$

2005 年上海大学
博士学位论文 ■

比较两端实部得：

$$\mu + d + \alpha + \gamma - \beta \frac{A}{d} \int_0^\infty f(u) e^{-\mu\mu} \cos u\bar\omega du = 0 \qquad (2.2.9)$$

由于当 $\mu \geqslant 0$ 时，$e^{-\mu u}$ 在 $[0, \infty)$ 上单调递减，同时

$$0 < e^{-\mu u} \leqslant 1, \ | \cos \omega u | \leqslant 1, \int_0^\infty f(u) du = 1$$

所以当 $R_0 < 1$ 即 $d + \alpha + \gamma > \beta \cdot \dfrac{A}{d}$ 时，式 (2.2.9) 的左端是正的，即式 (2.2.9) 不成立. 因此，当 $R_0 < 1$ 时，无病平衡点 P_0 是局部渐近稳定的.

记 $\quad F(\lambda) = \lambda + d + \alpha + \gamma - \beta \cdot \dfrac{A}{d} \int_0^\infty f(u) e^{-\lambda u} du$. 当 $R_0 > 1$ 时，有

$$F(0) = d + \alpha + \gamma - \beta \cdot \frac{A}{d} < 0, \ \lim_{\lambda \to +\infty} F(\lambda) = +\infty,$$ 所以由介值定理，这时 (2.2.8) 存在正实根. 因此，当 $R_0 > 1$ 时，无病平衡点 P_0 是不稳定的.

（b）显然，$\lambda = -d$ 不是 (2.2.7) 的根，所以 (2.2.7) 可改写为

$$\lambda + \beta I_e + (d + \alpha + \gamma) \cdot \left[1 - \int_0^\infty f(u) e^{-\lambda u} du \right] + \frac{\alpha\beta I_e}{\lambda + d} = 0$$

$$(2.2.10)$$

假设方程 (2.2.10) 存在根 $\lambda = \mu + i\omega$，则将 $\lambda = \mu + i\omega$ 代入 (2.2.10)，比较两端实部得：

$$\mu + \beta I_e + (d + \alpha + \gamma) \cdot \left[1 - \int_0^\infty f(u) e^{-\mu u} \cos \omega\mu du \right] +$$

$$\frac{\alpha\beta I_e(\mu + d)}{(\mu + d)^2 + \omega^2} = 0 \qquad (2.2.11)$$

因为 $\int_0^\infty f(u) e^{-\mu\mu} \cos \bar\omega u du \leqslant \int_0^\infty f(u) du = 1$，所以当 $\mu \geqslant 0$ 时式

(2.2.11)不成立.因此,(2.2.7)不具有非负实部的根,故 P_e 是渐近稳定的.

2.2.3 平衡点的全局稳定性

定理 3 当 $R_0 \leqslant 1$ 时无病平衡点 P_0 是全局渐近稳定的.

证明 设 $V = I + \dfrac{\beta A}{d} \displaystyle\int_0^\infty f(u) \int_{t-u}^t I(v) dv du$

则

$$V'|_{(2.2.2)} = I' + \frac{\beta A}{d}\left[I \int_0^\infty f(u) du - \int_0^\infty f(u) I(t-u) du \right]$$

$$= \beta(N-I)\int_0^\infty f(u) I(t-u) du - (d+\alpha+\gamma) I +$$

$$\frac{\beta A}{d} I \int_0^\infty f(u) du - \frac{\beta A}{d}\int_0^\infty f(u) I(t-u) du$$

$$= -(d+\alpha+\gamma) I + \frac{\beta A}{d} I + \beta \Big(N - I -$$

$$\frac{A}{d}\Big)\int_0^\infty f(u) I(t-u) du$$

由于 $0 < N \leqslant \dfrac{A}{d}$, $I \geqslant 0$, 所以

$$V'|_{(2.2.2)} \leqslant -\left[(d+\alpha+\gamma) - \frac{\beta A}{d} \right] I$$

$$= -(d+\alpha+\gamma)(1-R_0) I$$

当 $R_0 \leqslant 1$ 时 $V'|_{(2.2.2)} \leqslant 0$, 同时当且仅当 $I = 0$ 时 $V'|_{(2.2.2)} = 0$. 因此, $\lim\limits_{t \to \infty} I(t) = 0$. 再结合(2.2.2)中的第二个方程,便有 $\lim\limits_{t \to \infty} N(t) = 0$, 故当 $R_0 \leqslant 1$ 时无病平衡点 P_0 是全局渐近稳定的.

定理 4 系统 (2.2.2) 的地方病平衡点 P_e 关于区域

$$\overline{D} = \left\{ (I, N): 0 < N - I < N_e, \ N - I < N \leqslant \frac{A}{d} \right\}$$

是全局稳定的.

证明 对系统 (2.2.2) 作变换: $x = I - I_e$, $y = N - N_e$, 则 (2.2.2) 变为

$$\begin{cases} x' = -(\beta I_e + d + \gamma + \alpha)x + \beta I_e y + \beta(S_e + y - \\ \quad x)\int_0^\infty f(u)x(t-u)du \\ y' = -\alpha x - dy \end{cases} \quad (2.2.12)$$

其中 $S_e = N_e - I_e = \dfrac{d + \gamma + \alpha}{\beta}$.

记 $V = \dfrac{\alpha}{2}x^2 + \dfrac{\beta I_e}{2}y^2 + \dfrac{\alpha}{2}\int_0^\infty f(u)\int_{t-u}^t x^2(v)dvdu$

$W = (\beta I_e + d + \gamma + \alpha)x^2(t) - 2\beta(S_e + y - x)x(t)x(t-u) +$

$\quad (\beta I_e + d + \gamma + \alpha)x^2(t-u)$

则

$$V'|_{(2.2.12)} = -\frac{\alpha}{2}(\beta I_e + d + \gamma + \alpha)x^2 + \alpha\beta(S_e + y - x)x \cdot$$

$$\int_0^\infty f(u)x(t-u)du - \frac{\alpha}{2}(\beta I_e + d + \gamma + \alpha) \cdot$$

$$\int_0^\infty f(u)x^2(t-u)du - d\beta I_e y^2$$

$$= -\frac{\alpha}{2} \cdot \int_0^\infty f(u)W[x(t), x(t-u)]du - d\beta I_e y^2$$

$$(2.2.13)$$

由于当 $|\beta(S_e + y - x)| < \beta I_e + d + \gamma + \alpha$,即 $N - I < I_e + S_e = N_e$ 时,W 是正定的. 因此,对于任意小的正数 ε,在集合

$$\overline{D_\varepsilon} = \left\{ (I, N) : 0 < N - I < N_e - \varepsilon, \ N - I < N \leqslant \frac{A}{d} \right\}$$

上任取点 $(I, N) \in \overline{D_\varepsilon}$,都存在正数 λ_ε,使

$$W \geqslant \lambda_\varepsilon [x^2(t) + x^2(t - u)] \qquad (2.2.14)$$

将(2.2.14)代入(2.2.13),即有

$$V'|_{(2.2.12)} \leqslant -\frac{\alpha\lambda_\tau}{2} \left[x^2 + \int_0^\infty f(u) x^2(t - u) du \right] -$$

$$d\beta I_e y^2 \leqslant -\delta(x^2 + y^2)$$

其中,$\delta = \min\left\{ \dfrac{\alpha\lambda_\varepsilon}{2}, \ d\beta I_e \right\}$.

由于 ε 的任意性,所以依文[5]第30页中的推论5.2,定理4成立.

2.2.4 结论

文中引入分布时滞,对通过媒介传播的传染病建立了一类带有分布时滞的 SIS 传染病模型. 经过分析,发现地方病平衡点存在的阈值 $R_0 = \dfrac{A}{d} \cdot \dfrac{\beta}{d + \gamma + \alpha}$. 通过对平衡点对应的特征方程分析和构造李亚普诺夫泛函,发现当 $R_0 < 1$ 时,无病平衡点是全局渐近稳定的,且不存在地方病平衡点,即此时不论起初染病者有多少,经过一段时间以后,该传染病将在该地区灭绝;该阈值之上,无病平衡点是不稳定的,地方病平衡点是局部渐近稳定的. 同时得到了一个地方病平衡点全局渐近稳定的区域. 因此,为了防止此类传染病在该地区的长期流行,就应将 R_0 控制在1之内. 由于 R_0 与有效接触数 β、人群的常数输入率 A、各类人群的自然死亡率 d、染病者的恢复率 γ 以及因病死亡

率 α 有关,要将 R_0 控制在 1 之内,就应减少有效接触数 β、人群的常数输入率 A、增大染病者的恢复率 γ. 由于在短时间内特别是一种新传染病发病初期,提高对染病者的治愈率较难做到,而人群的自然死亡率更是难以改变,因此可采取强有力措施来减少有效接触数 β、人群的常数输入率 A,这可采用减少人员去公共场所和限制外来人口流入等办法来实现. 可将自然死亡率 d、染病者的恢复率 γ 以及因病死亡率 α 看为常数,由 $R_0 < 1$ 求出 $A\beta$ 的值,从而确定所采取措施的力度. 当患病群体是禽类获动物时,还可通过增大因病死亡率 α 来达到将 R_0 控制在 1 之内的目的,这可通过宰杀患病禽类达到.

2.3　带有周期参数的 SIS 模型

在对传染病的传播过程建立数学模型时,人们经常将各参数假定为常数. 这样所得的模型就为自治微分系统. 但在实际中,某些参数是会随时间的改变而发生变化. 譬如,有些种群的出生率、死亡率与季节有关,有些传染病的发病也与季节有关(如流行性感冒)等. 对此情形所建立的数学模型即应为非自治微分系统. 由于春夏秋冬在自然界中周而复始地交替,因此,将具有周期性的参数引入模型之中确实具有一定的实际意义. 在本节所考虑的传染病模型中,就将呈周期性变化的参数引入模型中.

由于研究周期参数模型的文献较少见,得到完整结果更为罕见[40,54]. 本文对此类模型进行研究,得到了模型的基本再生数.

我们知道,各参数为常数、传染率为双线性的一类 SIS 传染病模型

$$\begin{cases} S' = \mu(b-s) - \beta SI + \gamma I \\ I' = \beta SI - (\mu + \gamma) I \end{cases}$$

存在阈值 $R_0 = \dfrac{\beta b}{\mu + \gamma}$. 当 $R_0 \leqslant 1$ 时,该模型仅有无病平衡点,且

其是全局渐近稳定的. 当 $R_0 > 1$ 时,该模型除无病平衡点外,还存在惟一的地方病平衡点. 这时,无病平衡点是不稳定的,地方病平衡点是全局渐近稳定的.

在本节,就是对上述模型引入周期参数,通过分析找到了无病周期解和地方病周期解全局渐近稳定的阈值.

2.3.1 基本假设及模型

在建立模型前做基本假设如下:

1) 所研究的传染病具有明显周期特征,周期为 T.

2) 所考虑的种群的自然死亡率具有周期性,用 $\mu(t)$ 表示. $\mu(t)$ 为一周期为 $T(T > 0)$ 的正的连续可微函数,且有

$$0 < \mu_1 = \max_{t \in [0, T]} \mu(t) < \min_{t \in [0, T]} \mu(t) = \mu_2$$

3) 外界对种群的输入亦具有周期性,输入率为 $\mu(t)b(t)$, $b(t)$ 和 $\beta(t)$ 都是周期为 $T(T > 0)$ 是正的连续可微函数,且有

$$0 < b_1 = \max_{t \in [0, T]} b(t) < \min_{t \in [0, T]} b(t) = b_2$$

4) $\beta(t)$ 分别表示疾病的传播系数,且 $\beta(t)$ 是周期为 $T(T > 0)$ 的正的连续可微函数,且有

$$0 < \beta_1 = \max_{t \in [0, T]} \beta(t) < \min_{t \in [0, T]} \beta(t) = \beta_2$$

5) $\gamma > 0$ 表示染病者的恢复率(治愈率),这里假设它与时间无关.

这样要考虑的传染病传播框图为:

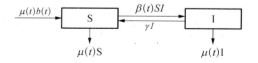

图中 $S(t)$ 和 $I(t)$ 分别表示 t 时刻易感者和染病者的数量. 根据框

图可建立所要研究的 SIS 传染病模型为

$$\begin{cases} S'(t) = \mu(t)[b(t) - S(t)] - \beta(t)S(t)I(t) + \gamma I(t), \\ I'(t) = \beta(t)S(t)I(t) - [\mu(t) + \gamma]I(t), \\ S(0) = S_0 \geqslant 0, I(0) = I_0 \geqslant 0. \end{cases} \quad (2.3.1)$$

2.3.2 模型分析及结果

记

$$0 < \mu_1 = \max_{t \in [0, T]} \mu(t) < \min_{t \in [0, T]} \mu(t) = \mu_2;$$

$$0 < b_1 = \max_{t \in [0, T]} b(t) < \min_{t \in [0, T]} b(t) = b_2;$$

$$0 < \beta_1 = \max_{t \in [0, T]} \beta(t) < \min_{t \in [0, T]} \beta(t) = \beta_2;$$

由系统(2.3.1)的第二个方程有

$$I(t) = I_0 e^{\int_0^t [\beta(u)S(u) - \mu(u) - \gamma] du},$$

于是,当 $I_0 = 0$ 时 $I(t) \equiv 0$ 对于 $t > 0$;当 $I_0 > 0$ 时 $I(t) > 0$ 对于 $t > 0$. 又

$$S' \mid_{S=0} = \mu(t)b(t) + \gamma I(t) > 0,$$

所以集 $D = \{(S, I): S > 0, I \geqslant 0\}$ 是系统(2.3.1)的一个正不变集.

引理 1 方程

$$S'(t) = \mu(t)[b(t) - S(t)], S(0) = S_0 \geqslant 0 \quad (2.3.2)$$

存在惟一全局渐近稳定的周期解 $S^*(t)$,且 $b_1 \leqslant S^*(t) \leqslant b_2$.

证

(1) 存在惟一性:

对方程(2.3.2)直接求解可得:

$$S(t) = S_0 e^{-\int_0^t \mu(u)du} + e^{-\int_0^t \mu(u)du} \cdot \int_0^t e^{\int_0^u \mu(v)dv} \mu(u)b(u)du$$

$$S(t+T) = e^{-\int_0^{t+T} \mu(u)du} \left(S_0 + \int_0^{t+T} e^{\int_0^u \mu(v)dv} \cdot \mu(u)b(u)du \right)$$

$$= e^{-\int_0^t \mu(u)du} \cdot e^{-\int_t^{t+T} \mu(u)du} \left(S_0 + \int_0^{t+T} e^{\int_0^u \mu(v)dv} \mu(u)b(u)du \right)$$

因为 $\mu(u) = \mu(u+T)$，所以有 $\int_t^{t+T} \mu(u)du = \int_0^T \mu(u)du$，因而有

$$S(t+T) = e^{-\int_0^t \mu(u)du} \cdot e^{-\int_0^T \mu(u)du} \left(S_0 + \int_0^{t+T} e^{\int_0^u \mu(v)dv} \mu(u)b(u)du \right)$$

$$\int_0^{t+T} e^{\int_0^u \mu(v)dv} \mu(u)b(u)du \overset{u-T=w}{=} \int_{-T}^t e^{\int_0^{T=w} \mu(v)dv} \cdot \mu(T+w)b(T+w)dw$$

$$= \int_{-T}^t e^{\int_0^T \mu(v)dv} \cdot e^{\int_T^{T+w} \mu(v)dv} \mu(w)b(w)dw$$

$$= \int_{-T}^t e^{\int_0^T \mu(v)dv} \cdot e^{\int_0^w \mu(v)dv} \mu(w)b(w)dw$$

令 $S(t) = S(t+T)$，则有

$$(1 - e^{-\int_0^T \mu(u)du})S_0 = \int_{-T}^0 e^{\int_0^u \mu(v)dv} \cdot \mu(u)b(u)du$$

$$= \int_0^T e^{\int_0^{u-T} \mu(v)dv} \cdot \mu(u)b(u)du$$

因为 $\mu(t) > 0$，所以 $\int_0^t \mu(u)du > 0$. 进而可知方程(2.3.2)存在惟一的正周期解 $S^*(t)$，其对应的初值为

$$S_0 = \frac{\int_0^T e^{\int_0^{u-T} \mu(v)dv} \mu(u)b(u)du}{1 - e^{-\int_0^T \mu(u)du}}.$$

（2）全局渐近稳定性：

令 $U(t) = S(t) - S^*(t)$，则方程(2.3.2)变为

$$U'(t) = -\mu(t)U(t).$$

由于 $\int_0^T \mu(u)du \geqslant \mu_1 T$，所以 $S^*(t)$ 是全局渐近稳定的.

(3) 由于 $0 < b_1 \leqslant b(t) \leqslant b_2$，所以方程(2.3.2)的解 $S(t)$ 满足

$$\mu(t)[b_1 - S(t)] \leqslant S'(t) \leqslant \mu(t)[b_2 - S(t)].$$

又方程

$$S'(t) = \mu(t)[b_1 - S(t)]$$

和

$$S'(t) = \mu(t)[b_2 - S(t)]$$

的解分别收敛于 $S(t) = b_1$ 和 $S(t) = b_2$，因此，由比较定理，

$$b_1 \leqslant \liminf_{t \to \infty} S(t) \leqslant \limsup_{t \to \infty} S(t) \leqslant b_2.$$

于是有 $b_1 \leqslant S^*(t) \leqslant b_2$.

引理 1 证毕.

对于总种群 $N(t) = S(t) + I(t)$，由(1)有

$$N'(t) = \mu(t)[b(t) - N(t)] \tag{2.3.3}$$

类似于引理 1 有

引理 2 方程(2.3.3)存在惟一全局渐近稳定的周期解 $S^*(t)$，且 $b_1 \leqslant S^*(t) \leqslant b_2$.

为了下面表述方便，记

$$\langle f \rangle = \int_0^T f(u)du$$

$$R_0 = \langle \beta(t)S^*(t) - (\mu(t) + \gamma) \rangle.$$

由引理 $1,(S^*(t), 0)$ 是系统(2.3.1)的一个周期解(被称为无病

周期解).关于它的稳定性有定理:

引理3 对于系统(2.3.1),解$(S^*(t),0)$当$R_0 < 0$时是渐近稳定的,当$R_0 > 0$时是不稳定的.进一步,当$R_0 < 0$时解$(S^*(t),0)$是全局渐近稳定的.

证 系统(2.3.1)关于解$(S^*(t),0)$的变分方程为

$$Y'(t) = \begin{pmatrix} -\mu(t) & -\beta(t)S^*(t)+\gamma \\ 0 & \beta(t)S^*(t)-(\mu(t)+\gamma) \end{pmatrix} Y \quad (2.3.4)$$

于是,方程(2.3.4)的特征乘子为

$$\lambda_1 = e^{-\int_0^T \mu(u)du} < 1$$

$$\lambda_2 = e^{\int_0^T [\beta(u)S^*(u)-(\mu(u)+\gamma)]du}$$

当$R_0 < 0$时$\lambda_2 < 1$;当$R_0 > 0$时$\lambda_2 > 1$.所以解$(S^*(t),0)$当$R_0 < 0$时是稳定的,当$R_0 > 0$时是不稳定的.

注意到

$$I'(t) = I(t)[\beta(t)(N(t)-I(t))-(\mu(t)+\gamma)]$$

$$\leq I(t)[\beta(t)N(t)-(\mu(t)+\gamma)]$$

当$R_0 < 0$时,存在正数ε,使得$\langle\beta(t)(S^*(t)+\varepsilon)-(\mu(t)+\gamma)\rangle < 0$.依引理2,存在$T > 0$,使得当$t > T$时有$N(t) < S^*(t)+\varepsilon$.因此,当$t > T$时,

$$I'(t) \leq I(t)[\beta(t)(S^*(t)+\varepsilon)-(\mu(t)+\gamma)]$$

由于$\langle\beta(t)(S^*(t)+\varepsilon)-(\mu(t)+\gamma)\rangle < 0$,所以$\lim\limits_{t\to\infty} I(t) = 0$.由引理2便有

$$\lim_{t\to\infty}[S(t)-S^*(t)] = 0$$

因此,当$R_0 < 0$时解$(S^*(t),0)$是全局渐近稳定的.

关于系统(2.3.1)的正周期解(被称为地方病周期解)的存在性和稳定性可有下面的:

引理 4 当 $R_0 > 0$ 时,系统(2.3.1)存在惟一的正周期解,并且该周期解是全局渐近稳定的.

为了证明引理 4,首先考虑方程

$$I'(t) = I(t)[\beta(t)(S^*(t) - I(t)) - (\mu(t) + \gamma)] \quad (2.3.5)$$

由于 $S^*(t) \leqslant b_2$,所以当 $I(t) > 0$ 时有

$$I'(t) < \beta(t)I(t)(b_2 - I(t))$$

于是,当 t 充分大时有 $I(t) \leqslant b_2$. 因此,区间 $[0, b_2]$ 是方程(2.3.5)的正不变集.

同时注意到,当 $R_0 > 0$ 时,能取到正常数 $\delta < b_1$ 满足

$$\langle \beta(t)(S^*(t) - \delta) - (\mu(t) + \gamma) \rangle > 0.$$

下面引理给出方程(2.3.5)解的下界:

引理 5 设 $R_0 > 0$. 如果 $I(t)$ 是方程(2.3.5)满足初始条件 $I_0 \geqslant \delta$ 的解,则对任意的 $t \geqslant 0$ 都有 $I(t) \geqslant \delta e^{-(\mu_1 + \gamma)T}$.

证 假设存在 $t^* > 0$,使得 $I(t^*) < \delta e^{-(\mu_1 + \gamma)T}$. 令 $t_0 = \sup\{t : I(t) = \delta, 0 \leqslant t \leqslant t^*\}$,则 $I(t_0) = \delta$,且对任意的 $t \in (t_0, t^*]$ 都有 $I(t) < \delta$.

对于 t^* 和 t_0 可断言 $t^* - t_0 < T$. 事实上,如果 $t^* - t_0 \geqslant T$,则对任意的 $t \in (t_0, t_0 + T] \subset (t_0, t^*]$, $I(t) < \delta$. 因此,

$$\delta > I(t_0 + T) = I(t_0)e^{\int_{t_0}^{t_0+T}[\beta(u)(S^*(u) - I(u)) - (\mu(u) + \gamma)]du}$$

$$\geqslant I(t_0)e^{\int_{t_0}^{t_0+T}[\beta(u)(S^*(u) - \delta) - (\mu(u) + \gamma)]du}$$

$$= I(t_0)e^{\int_{0}^{T}[\beta(u)(S^*(u) - \delta) - (\mu(u) + \gamma)]du}$$

$$\geqslant I(t_0) = \delta$$

矛盾出现,因此,$t^* - t_0 < T$.

同时,

$$\delta e^{-(\mu_1 + \gamma)T} > I(t^*) = I(t_0) e^{\int_{t_0}^{t^*} [\beta(u)(S^*(u) - I(u)) - (\mu(u) + \gamma)]du}$$

$$\geqslant I(t_0) e^{\int_{t_0}^{t^*} [\beta(u)(S^*(u) - \delta) - (\mu(u) + \gamma)]du}$$

$$\geqslant I(t_0) e^{\int_{t_0}^{t^*} [-(\mu_1 + \gamma)]du}$$

$$= \delta e^{[-(\mu_1 + \gamma)(t^* - t_0)]}$$

$$> \delta e^{-(\mu_1 + \gamma)T}$$

其中用到 $S^*(t) \geqslant b_1 > \delta$. 这又是一个矛盾. 因此引理 5 成立.

从引理 5 知,方程(2.3.5)的解 $I(t, I_0)$ 具有性质:

$$I(t, [\delta, b_2]) \subset [\delta e^{-(\mu_1 + \gamma)T}, b_2]$$

对于 $t \geqslant 0$.

引理 6 当 $R_0 > 0$ 时,方程(2.3.5)存在惟一的正周期解 $I^*(t)$. 进一步,正周期解 $I^*(t)$ 是全局渐近稳定的.

证 直接计算可得,方程(2.3.5)在初始条件 $I(0) = I_0 > 0$ 下的解为

$$I(t) = \cfrac{e^{\int_0^t [\beta(u)S^*(u) - (\mu(u) + \gamma)]du}}{I_0 + \int_0^t \beta(u) e^{\int_0^u [\beta(v)S^*(v) - (\mu(v) + \gamma)]dv} du}$$

由于 $R_0 > 0$,所以初值 $I_0 = \cfrac{\int_0^T \beta(u) e^{\int_T^u [\beta(v)S^*(v) - (\mu(v) + \gamma)]dv} du}{1 - e^{-\int_0^T [\beta(u)S^*(u) - (\mu(u) + \gamma)]du}}$ 对应的解

$I^*(t)$是方程(2.3.5)的惟一正周期解.

为了证明 $I^*(t)$的全局渐近稳定性,对方程(2.3.5)作变量代换:

$$I(t) = e^{Y(t)},$$

则方程(2.3.5)变为

$$Y'(t) = -\beta(t)e^{Y(t)} + [\beta(t)S^*(t) - (\mu(t) + \gamma)]. \quad (2.3.6)$$

定义 Liapunov 函数

$$V(t) = \frac{1}{2}[Y(t) - Y^*(t)]^2,$$

其中 $Y^*(t) = \ln I^*(t)$,则有

$$\frac{dV}{dt}\bigg|_{(2.3.6)} = -\beta(t)[Y(t) - Y^*(t)][e^{Y(t)} - e^{Y^*(t)}]$$

因为函数 e^x 是严格单调递增的,且 $0 < \beta_1 \leqslant \beta(t) \leqslant \beta_2$,所以 $\dfrac{dV}{dt}\bigg|_{(2.3.6)}$ 关于 $Y^*(t)$是定负的. 因此引理 6 成立.

引理 7 对于 $I^*(t)$, $S^*(t)$以及方程(2.3.5)的任意解 $I(t)$有如下关系:

(1) 对任意的 $t \geqslant 0$,方程(2.3.5)的惟一正周期解 $I^*(t)$都满足 $I^*(t) < S^*(t)$;

(2) 对方程(2.3.5)的任意解 $I(t)$都存在 $t^* \geqslant 0$,使得当 $t > t^*$ 时 $I(t) < S^*(t)$.

证 (1) 记 $I^*(t_0) = \max\limits_{0 \leqslant t \leqslant T} I^*(t)$,则 $I^{*'}(t_0) = 0$. 因此有

$$\beta(t_0)[S^*(t_0) - I^*(t_0)] = \mu(t_0) + \gamma$$

于是 $S^*(t_0) > I^*(t_0)$.

假设存在 $t_1 > t_0$,使得对于 $t \in (t_0, t_1)$ 有 $S^*(t) > I^*(t)$ 且 $S^*(t_1) = I^*(t_1)$,则 $S^{*'}(t_1) - I^{*'}(t_1) \leqslant 0$. 另一方面,

$$S^{*\prime}(t_1) - I^{*\prime}(t_1) = \mu(t_1)[b(t_1) - S^*(t_1)] - I^*(t_1)[\beta(t_1)$$

$$(S^*(t_1) - I^*(t_1)) - (\mu(t_1) + \gamma)]$$

$$= \mu(t_1)b(t_1) + \gamma I^*(t_1) > 0 \qquad (2.3.7)$$

矛盾出现. 因此, 对于任意的 $t \geq t_0$ 都有 $S^*(t) > I^*(t)$. 又 $S^*(t)$ 与 $I^*(t)$ 均以 T 为周期, 所以引理 7(1) 成立.

(2) 假如引理 7(2) 的结论不成立, 则仅会出现下列两种情形之一: 情形一, 对于某一解 $I(t)$ 存在 $t' > 0$, 使得对于 $t > t'$ 有 $I(t) \geq S^*(t)$. 情形二, 对于某一解 $I(t)$ 存在点列 $t_n (n = 1, 2, \cdots)$: $0 < t_1 < t_2 < \cdots < t_n < \cdots$ 满足 $\lim_{t \to \infty} t_n = +\infty$, 使得当 $t \in (t_{2k-1}, t_{2k})(k = 1, 2, \cdots)$ 时有 $S^*(t) < I(t)$; 当 $t \in (t_{2k}, t_{2k+1})(k = 1, 2, \cdots)$ 时有 $S^*(t) > I(t)$, 且 $S^*(t_n) = I(t_n)$.

对于情形一, 当 $t \geq t'$ 时,

$$I'(t) = I(t)[\beta(t)(S^*(t) - I(t)) - (\mu(t) + \gamma)]$$

$$\leq - I(t)[\mu(t) + \gamma]$$

$$\leq - I(t)(\mu_1 + \gamma),$$

于是有 $\lim_{t \to \infty} I(t) = 0$. 而 $S^*(t) \geq b_1 > 0$, 所以出现矛盾, 故情形一不成立.

对于情形二, 显然有 $S^{*\prime}(t_{2k+1}) - I'(t_{2k+1}) \leq 0$. 而另一方面, 与式 (2.3.7) 类似地有 $S^{*\prime}(t_{2k+1}) - I'(t_{2k+1}) > 0$. 出现矛盾, 故情形二也不成立. 于是引理 7(2) 的结论成立.

由以上推理知, 引理 7 成立.

定理 4 的证明 由引理 2,6 和 7, $(S^*(t) - I^*(t), I^*(t))$ 是系统 (2.3.1) 的惟一正周期解. 同时, 系统 (2.3.1) 等价于系统

$$\begin{cases} N'(t) = \mu(t)[b(t) - N(t)], \\ I'(t) = \beta(t)[N(t) - I(t)]I(t) - [\mu(t) + \gamma]I(t). \end{cases}$$

$$(2.3.8)$$

由引理 2 和 6,系统(2.3.8)的惟一正周期解$(S^*(t), I^*(t))$是全局渐近稳定的.因此,定理 4 成立.

2.4　带有常数迁入的 SIS 模型

本节仍研究具有垂直传播和一般接触的传染病模型,并与第二节相同,仍考虑染病者并不完全丧失生育能力,且传染率仍为一般形式,与第二节不同的是,假设外界对种群有常数迁入,而且,种群的自然死亡率和为一个常数[30,31,32,63].在这种情况下,模型研究难度大大增加,比如在研究基本再生数 $R_0 = 1$ 时,就不能用 LaSalle 不变集方法解决,本节所用方法技巧性强,所得结果新.

2.4.1　基本假设与模型建立

在建立模型之前,我们先做如下基本假设:

1)此类传染病可通过母婴渠道进行垂直传播,还可通过有效接触进行传播.

2)A 是大于 0 的常数,表示外界对种群的输入率,且输入者均为易感者.

3)$b > 0$ 表示易感者的出生率并且由易感者生产的新生儿个体均是易感者.

4)$d > 0$ 表示种群的自然死亡率.

5)$\rho(0 \leqslant \rho \leqslant 1)$ 表示染病者生产的新生儿中不是染病者的比例,显然 $\rho = 0$,显示染病者生产的新生儿中全部是染病者,$\rho = 1$,显示染病者生产的新生儿中全不是染病者.

6)染病会给患者的生育能力造成影响,用 $1-\delta$ 表示染病者的生育能力.显然当 $\delta = 1$ 时表示染病后会完全丧失生育能力,当 $\delta = 0$ 时则说明染此病不影响染病者的生育能力,而当 $0 < \delta < 1$ 时,表明染病会对染病者生育能力有一定影响.

7)$\alpha > 0$ 表示染病者因染病的死亡率.

8) $\gamma > 0$ 表示治愈率,所以 $\frac{1}{\gamma}$ 就是平均传染期.

9) $\beta(N)$ 是疾病通过有效接触进行传播的传播系数,$\beta(N)SI$ 是传染率. 假定 $\beta(N)$ 是连续可微且非负的函数并且满足条件:

$$\beta'(N) \leqslant 0, \quad [N\beta(N)]' \geqslant 0$$

显然,$\beta(N) = \lambda$ 就是双线性型传染率,而 $\beta(N) = \frac{\lambda}{N}$ 对应标准型传染率.

因此本节所考虑的传染病传播框图为

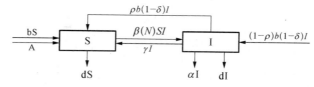

根据框图可容易建立模型为

$$\begin{cases} S' = A + bS + bp(1-\delta)I - dS - \beta(N)SI + \gamma I \\ I' = I[b(1-p)(1-\delta) + \beta(N)S - (d+\alpha+\gamma)] \end{cases} \quad (2.4.1)$$

其中 $N = S + I$ 是总种群数量.

由 $N = S + I$ 易得

$$N' = A + (b-d)N - (\alpha+b\delta)I \quad (2.4.2)$$

将 $S = N - I$ 代入(2.4.1)中的第二式,并与(2.4.2)联立得到:

$$\begin{cases} I' = I[b(1-p)(1-\delta) + \beta(N)(N-I) - \\ \quad (d+\alpha+\gamma)] = P(I, N) \\ N' = A + (b-d)N - (\alpha+b\delta)I = Q(I, N) \end{cases} \quad (2.4.3)$$

2.4.2 模型全局分析

以下分三种情形:$b < d, b = d, b > d$ 对系统(2.4.3)进行全局分析.

情形 1 $b < d$

条件 $b < d$ 意味着易感者的生育率小于种群的自然死亡率. 易知, 此时区域

$$D = \left\{ (I,N) \mid 0 \leqslant I \leqslant N \leqslant \frac{A}{d-b} \right\} \text{ 是系统(2.4.3)的正不变集.}$$

定理 1 模型(2.4.3)总存在无病平衡点 $P_0(I_0, N_0) = \left(0, \frac{A}{d-b}\right)$.

且当 $R_0 > 1$ 时, (2.4.3)还存在地方病平衡点 $P^*(I^*, N^*)$.

其中 $I^* = \frac{A - (d-b)N^*}{\alpha + b\delta}$, N^* 是方程

$$\beta(N)\{[\alpha + d - b(1-\delta)]N - A\}$$

$$= (\alpha + b\delta)[(d + \alpha + \gamma) - b(1-p)(1-\delta)]$$

在 $\left(0, \frac{A}{d-b}\right)$ 上的惟一解, $R_0 = \dfrac{\dfrac{A}{d-b}\beta\left(\dfrac{A}{d-b}\right)}{(d+\alpha+\gamma) - b(1-p)(1-\delta)}$.

证明 直接计算易知: 点 $P_0(I_0, N_0) = \left(0, \frac{A}{d-b}\right)$ 总是

(2.4.3)的平衡点. 而(2.4.3)的地方病平衡点由方程组

$$\begin{cases} \beta(N)(N-I) = (d+\alpha+\gamma) - b(1-p)(1-\delta) \\ (d-b)N + (\alpha + b\delta)I = A \end{cases} \tag{2.4.4}$$

确定. 由(2.4.4)中的第二式得

$$I = \frac{A - (d-b)N}{\alpha + b\delta} \tag{2.4.5}$$

将(2.4.5)代入(2.4.4)中的第一式, 得

$$F(N) = \beta(N)\{[\alpha + d - b(1-\delta)]N - A\} - (\alpha + b\delta)$$

$$[(d+\alpha+\gamma) - b(1-p)(1-\delta)] = 0 \tag{2.4.6}$$

因为 $b < d$，所以 $\alpha + d - b(1-\delta) > 0$，而

$$F'(N) = \beta'(N)\{[\alpha + d + b(1-\delta)]N - A\} + \beta(N)[\alpha + d + b(1-\delta)]$$

于是由对 $\beta(N)$ 的假设可知，$F'(N) > 0$. 又

$$F(0) < 0, \quad F\left(\frac{A}{d-b}\right) = (\alpha + b\delta) \cdot \frac{A}{d-b} \cdot \beta\left(\frac{A}{d-b}\right) \cdot \left(1 - \frac{1}{R_0}\right),$$

所以，当 $R_0 > 1$ 时，(2.4.6) 在 $\left(0, \frac{A}{d-b}\right)$ 上有惟一正根 N^*. 将 $N = N^*$ 代入 (2.4.5) 即可得 I^*. 因而当 $R_0 > 1$ 时 (2.4.3) 存在惟一地方病平衡点 $P^*(I^*, N^*)$.

定理 2 对于 (2.4.3)，当 $R_0 \leqslant 1$ 时无病平衡点 P_0 是全局渐近稳定的；当 $R_0 > 1$ 时地方病平衡点 P^* 存在且是全局渐近稳定的.

证明 (i) 直接计算可得

$$\frac{\partial P}{\partial I} = (1-p)(1-\delta) + \beta(N)(N-I) - (d+\alpha+\gamma) - \beta(N)I$$

$$\frac{\partial P}{\partial N} = I[\beta'(N)(N-I) + \beta(N)] = I[(\beta(N)N)' - I\beta'(N)]$$

$$\frac{\partial Q}{\partial I} = -(\alpha + b\delta)$$

$$\frac{\partial Q}{\partial N} = b - d$$

所以系统 (2.4.3) 在平衡点 P_0 和 P^* 处的 Jacobian 矩阵分别是

$$J(P_0) = \begin{bmatrix} \dfrac{A}{d-b} \cdot \beta\left(\dfrac{A}{d-b}\right)\left(1 - \dfrac{1}{R_0}\right) & 0 \\ -(\alpha + b\delta) & b - d \end{bmatrix}$$

$$J(P^*) = \begin{bmatrix} -\beta(N^*)I^* & I^*[(\beta(N)N)'_{N^*} - I^*\beta'(N^*)] \\ -(\alpha+b\delta) & b-d \end{bmatrix}$$

容易看到：由于 $b < d$，所以当 $R_0 < 1$ 时，$J(P_0)$ 的特征根均具有负实部；当 $R_0 > 1$ 时，$J(P_0)$ 有一特征根是正的。因此，当 $R_0 < 1$ 时无病平衡点 P_0 是局部渐近稳定的；当 $R_0 > 1$ 时无病平衡点 P_0 是不稳定的。

对于地方病平衡点 P^*，由于

$$tr(J(P^*)) = -\beta(N^*)I^* + b - d < 0$$

$$\det(J(P^*)) = \beta(N^*)I^*(d-b) + (\alpha+b\delta)I^*$$
$$[\beta'(N^*)(N^* - I^*) + \beta(N^*)] > 0$$

所以 $J(P^*)$ 的特征根均具有负实部，因此 $R_0 > 1$ 时地方病平衡点 P^* 存在且是局部渐近稳定的。

取 Dulac 函数 $B = \dfrac{1}{I}$，则有

$$\frac{\partial(PB)}{\partial I} + \frac{\partial(QB)}{\partial N} = -\beta(N) + \frac{b-d}{I} < 0$$

所以，$(2.4.3)$ 不存在周期解，因此，当 $R_0 < 1$ 时无病平衡点 P_0 是全局渐近稳定的，当 $R_0 > 1$ 时地方病平衡点 P^* 是全局渐近稳定的。

(ii) 当 $R_0 = 1$，即 $\dfrac{A}{d-b}\beta\left(\dfrac{A}{d-b}\right) = (d+\alpha+\gamma) - b(1-p)(1-\delta)$ 时，$(2.4.3)$ 可改写为

$$\begin{cases} I' = I\left[\beta(N)(N-I) - \dfrac{A}{d-b}\beta\left(\dfrac{A}{d-b}\right)\right] \\ N' = -(d-b)\left(N - \dfrac{A}{d-b}\right) - (\alpha+b\delta)I \end{cases} \qquad (2.4.7)$$

取

$$V = (\alpha + b\delta)\beta(N)I^2 + \int_{\frac{A}{d-b}}^{N} \left\{ \beta(u) \left(u - \frac{A}{d-b} \right) - \frac{A}{d-b} \left[\beta\left(\frac{A}{d-b} \right) - \beta(u) \right] \right\} du$$

则

$$V' \big|_{(2.4.7)} = -(\alpha + b\delta)\beta(N)I^2 - (d-b)\left(N - \frac{A}{d-b} \right)$$
$$\left\{ \beta(N)\left(N - \frac{A}{d-b} \right) - \frac{A}{d-b}\left[\beta\left(\frac{A}{d-b} \right) - \beta(N) \right] \right\}$$

注意到函数

$$H(u) = \beta(u)\left(u - \frac{A}{d-b} \right) - \frac{A}{d-b}\left[\beta\left(\frac{A}{d-b} \right) - \beta(u) \right]$$

是单调递增的, 而 $N \leqslant \dfrac{A}{d-b}$ 且 $H\left(\dfrac{A}{d-b} \right) = 0$, 所以 $H(N) <$
$H\left(\dfrac{A}{d-b} \right) = 0$. 因此可得: V 正定, 而 $V' \big|_{(2.4.7)}$ 负定, 所以当 $R_0 = 1$
时无病平衡点 P_0 是全局渐近稳定的.

情形 2 $b = d$

条件 $b = d$ 意味着易感者的生育率等于种群的自然死亡率. 取
$\beta(N) = \dfrac{\beta}{1 + cN}(c > 0)$, 即接触率为饱和型的. 于是(2.4.3)即为

$$\begin{cases} I' = \dfrac{I}{1 + cN}\{[\beta - c((d + \alpha + \gamma) - d(1 - \delta)(1 - p))]N - \\ \quad \beta I - [(d + \alpha + \gamma) - d(1 - \rho)(1 - \delta)]\} = P(I, N) \\ N' = A - (\alpha + d\delta)I = Q(I, N) \end{cases}$$

$$(2.4.8)$$

定理 3 记 $R_0 = \dfrac{\beta}{c} \dfrac{1}{(d+\alpha+\gamma) - d(1-p)(1-\delta)}$，$(2.4.8)$ 没有无病平衡点. 且当 $R_0 > 1$ 时，$(2.4.8)$ 存在惟一的地方病平衡点 $P^*(I^*, N^*)$ 且是全局稳定的. 当 $R_0 \leqslant 1$ 时，$\lim\limits_{t \to \infty} I(t) = 0$，$\lim\limits_{t \to \infty} N(t) = \infty$.

其中 $I^* = \dfrac{A}{\alpha + d\delta}$，$N^* = \dfrac{(d+\alpha+\gamma) - d(1-p)(1-\delta) + \dfrac{\beta A}{\alpha + b\delta}}{\beta - c[(d+\alpha+\gamma) - d(1-p)(1-\delta)]}$

证明 (i) 直接计算可知：当且仅当 $R_0 > 1$ 时 $(2.4.8)$ 有惟一的地方病平衡点 $P^*(I^*, N^*)$. 由于

$$P_I = \frac{1}{1+cN} H(I, N) - \frac{I\beta}{1+cN}$$

$$P_N = -\frac{cI}{(1+cN)^2} H(I, N) + \frac{I}{1+cN} \cdot$$

$$[\beta - c((d+\alpha+\gamma) - d(1-p)(1-\delta))]$$

$$Q_I = -(\alpha + d\delta), \quad Q_N = 0$$

其中

$H(I, N) = N[\beta - c((d+\alpha+\gamma) - d(1-p)(1-\delta))] - \beta I - [(d+\alpha+\gamma) - d(1-p)(1-\delta)]$ 注意到 $I^* \neq 0$，所以有 $H(I^*, N^*) = 0$. 因此可得：

$$P_I \Big|_{(I^*, N^*)} = -\frac{\beta I^*}{1+cN^*}, \quad P_N \Big|_{(I^*, N^*)} = \frac{\beta I^*}{1+cN^*}(1-R_0)$$

所以 $(2.4.8)$ 在 P^* 处的 Jacobian 矩阵为

$$J(P^*) = \begin{bmatrix} -\dfrac{\beta I^*}{1+cN^*} & \dfrac{\beta I^*}{1+cN^*}(1-R_0) \\ -(\alpha + d\delta) & 0 \end{bmatrix}$$

$$trJ(P^*) = -\frac{\beta I^*}{1+cN^*} < 0,$$

$$\det J(P^*) = (\alpha+d\delta)\frac{\beta I^*}{1+cN^*}(1-R_0) > 0$$

因而可得 P^* 是局部渐近稳定的.

取 Dulac 函数 $B = \frac{1}{I}$,则有

$$\frac{\partial(PB)}{\partial I} + \frac{\partial(QB)}{\partial N} = -\frac{\beta}{1+cN} < 0$$

因此 P^* 还是全局渐近稳定的.

(ii) 当 $R_0 \leqslant 1$ 时,即 $\beta \leqslant c((d+\alpha+\gamma)-d(1-p)(1-\delta))$ 时,由(2.4.8)有

$$I' \leqslant -\frac{I}{1+cN}\{\beta I + [(d+\alpha+\gamma)-d(1-p)(1-\delta)]\} \leqslant 0$$

又当且仅当 $I=0$ 时 $I'=0$,所以当 $R_0 \leqslant 1$ 时

$$\lim_{t\to\infty} I(t) = 0.$$

再结合(2.4.8)中第二式就有

$$\lim_{t\to\infty} N(t) = \infty.$$

情形 3 $b > d$

条件 $b > d$ 意味着易感者的生育率大于种群的自然死亡率.

当取 $\beta(N) = \frac{\beta}{1+cN}$ $(c>0)$ 时,系统(2.4.3)即为

$$\begin{cases} I' = \frac{I}{1+cN}\{[\beta-c((d+\alpha+\gamma)-b(1-\delta)(1-p))]N - \\ \qquad \beta I - [(d+\alpha+\gamma)-b(1-\rho)(1-\delta)]\} = P(I,N) \\ N' = A + (b-d)N - (\alpha+d\delta)I = Q(I,N) \end{cases}$$

$$(2.4.9)$$

易知当 $b > d$ 时 (2.4.9) 不存在无病平衡点,且区域 $D = \{(I, N) \mid 0 \leqslant I \leqslant N\}$ 是系统 (2.4.3) 的正不变集.

定理 4 当 $0 < \beta \leqslant c[(d+\alpha+\gamma) - b(1-p)(1-\delta)]$ 时,$\lim\limits_{t \to \infty} I(t) = 0, \lim\limits_{t \to \infty} N(t) = \infty$.

证明 当 $0 < \beta \leqslant c[(d+\alpha+\gamma) - b(1-p)(1-\delta)]$ 时,由 (2.4.9) 有

$$I' \leqslant -\frac{I}{1+cN}\{\beta I + [(d+\alpha+\gamma) - b(1-p)(1-\delta)]\} \leqslant 0$$

又当且仅当 $I = 0$ 时 $I' = 0$,所以当 $\beta \leqslant c[(d+\alpha+\gamma) - b(1-p)(1-\delta)]$ 时,$\lim\limits_{t \to \infty} I(t) = 0$. 再结合 (9) 中的第二式便有 $\lim\limits_{t \to \infty} N(t) = \infty$.

记 $R_0 = \dfrac{\beta}{c}\left(1 - \dfrac{b-d}{\alpha+b\delta}\right)\dfrac{1}{(d+\alpha+\gamma) - d(1-p)(1-\delta)}$

定理 5 当 $d+\alpha-b(1-\delta) > 0$,且 $R_0 > 1$ 时,则 (2.4.9) 存在全局渐近稳定的地方病平衡点 $P^*(I^*, N^*)$.

证明 注意到 $d+\alpha-b(1-\delta) > 0$ 意味着

$$d+\alpha+\gamma - b(1-p)(1-\delta) > 0$$

而 (2.4.9) 的地方病平衡点由方程组

$$\begin{cases} [\beta - c((d+\alpha+\gamma) - b(1-p)(1-\delta))]N - \\ \quad \beta I - [(d+\alpha+\gamma) - b(1-p)(1-\delta)] = 0 \\ A + (b-d)N - (\alpha+d\delta)I = 0 \end{cases} \quad (2.4.10)$$

来确定.

由 (2.4.10) 中的第二式可得

$$I = \frac{A - (d-b)N}{\alpha+b\delta} \quad (2.4.11)$$

将 (2.4.11) 代入 (2.4.10) 的第一式,得

$$F(N) = \frac{\beta}{1+cN}\left(N - \frac{A}{\alpha+b\delta}\right) - \frac{b-d}{\alpha+b\delta}\frac{\beta N}{1+cN} -$$

$$\left[(d+\alpha+\gamma) - b(1-p)(1-\delta)\right] = 0 \quad (2.4.12)$$

因为 $d+\alpha-b(1-\delta)>0$，所以

$$F'(N) = \frac{\beta}{(1+cN)^2}\left[1 + \frac{cA-(b-d)}{\alpha+b\delta}\right]$$

$$= \frac{\alpha+d-b(1-\delta)+cA}{\alpha+b\delta} > 0$$

又

$$F(0)<0, F(+\infty) = \frac{\beta}{c}\left(1-\frac{b-d}{\alpha+b\delta}\right)\left(1-\frac{1}{R_0}\right) = \frac{\beta}{c}\left(\frac{\alpha+d-b(1-\delta)}{\alpha+b\delta}\right)$$

$\left(1-\dfrac{1}{R_0}\right)$，所以 $R_0>1$ 时，$F(+\infty)>0$.

因此(2.4.12)有惟一正根 N^*.

将 $N=N^*$ 代入(2.4.11)即可得 I^*. 因而当 $d+\alpha-b(1-\delta)>0$ 且 $R_0>1$ 时(2.4.9)存在惟一地方病平衡点 $P^*(I^*, N^*)$.

系统(2.4.9)在平衡点 P^* 处的 Jacobian 矩阵是

$$J(P^*) = \begin{bmatrix} -\beta(N^*)I^* & I^*\left[(\beta(N^*)N^*)' - I^*\beta'(N^*)\right] \\ -(\alpha+b\delta) & b-d \end{bmatrix}$$

其中

$$-\beta(N^*)I^* = (d+\alpha+\gamma) - b(1-p)(1-\delta) -$$

$$\frac{(d+\alpha+\gamma) - b(1-p)(1-\delta) + \dfrac{A}{\alpha+b\delta} \cdot \dfrac{\beta}{1+cN^*}}{1-\dfrac{b-d}{\alpha+b\delta}}$$

因为

$$\left(1-\frac{b-d}{\alpha+b\delta}\right)\left[(b+\alpha+\gamma)-b(1-p)(1-\delta)\right]-$$

$$\left[(d+\alpha+\gamma)-b(1-p)(1-\delta)\right]$$

$$=-(b-d)\cdot\frac{\gamma+bp(1-\delta)}{\alpha+b\delta}<0$$

注意到 $\frac{b-d}{\alpha+b\delta}<1$，所以

$$(d+\alpha+\gamma)-b(1-p)(1-\delta)<\frac{(d+\alpha+\gamma)-b(1-p)(1-\delta)}{1-\frac{b-d}{\alpha+b\delta}}$$

因此

$$-\beta(N^*)I^*<(d+\alpha+\gamma)-b(1-p)(1-\delta)-$$

$$\frac{(d+\alpha+\gamma)-b(1-p)(1-\delta)}{1-\frac{b-d}{\alpha+b\delta}}<d-b$$

即 $\qquad trJ(P^*)=-\beta(N^*)I^*+b-d<0,$

又 $\dfrac{\beta S^*}{1+cN^*}=(b+\alpha+\gamma)-b(1-p)(1-\delta)$

其中 $S^*=N^*-I^*$.

所以

$$\det J(P^*)=\frac{I^*}{1+cN^*}\left\{-\beta(b-d)+\beta(\alpha+b\delta)-\frac{\beta(\alpha+b\delta)cS^*}{1+cN^*}\right\}$$

$$=\frac{(\alpha+b\delta)I^*}{1+cN^*}\left\{\beta\left(1-\frac{b-d}{\alpha+b\delta}\right)-c\left[(d+\alpha+\gamma)-b(1-p)(1-\delta)\right]\right\}$$

$$=\frac{\beta(\alpha+b\delta)I^*}{1+cN^*}\cdot\left(1-\frac{b-d}{\alpha+b\delta}\right)\left(1-\frac{1}{R_0}\right)$$

因此,当 $R_0 > 1$ 时,$\det J(P^*) > 0$.

由于 $trJ(P^*) < 0$ 和 $\det J(P^*) > 0$,P^* 是局部渐近稳定的.

取 Dulac 函数,$B = \dfrac{1}{I(N-I)}$,

则对(2.4.9)有

$$\frac{\partial(PB)}{\partial I} + \frac{\partial(QB)}{\partial N} = -\frac{A}{I(N-I)^2} - \frac{\gamma + bp(1-\delta)}{(N-I)^2} < 0$$

因此(2.4.9)无周期解,即地方病平衡点 P^* 是全局渐近稳定的.

定理 6　当下列条件

(i) $\alpha + d - b(1-\delta) > 0$,且 $c[d+\alpha+\gamma-b(1-p)(1-\delta)] < \beta \leqslant$
$\dfrac{c[d+\alpha+\gamma-b(1-p)(1-\delta)]}{1-\dfrac{b-d}{\alpha+b\delta}}$

(ii) $-\gamma - bp(1-\delta) < \alpha+d-b(1-\delta) \leqslant 0$ 且 $\beta > c[d+\alpha+\gamma-b(1-p)(1-\delta)]$

(iii) $d+\alpha+\gamma-b(1-p)(1-\delta) \leqslant 0$

之一满足时,$\lim\limits_{t\to\infty} I(t) = \infty$,$\lim\limits_{t\to\infty} N(t) = \infty$.

证明　记 l_1 和 l_2 分别表示直线

$$[\beta - c(d+\alpha+\gamma-b(1-p)(1-\delta))]N - \beta I$$
$$= d+\alpha+\gamma-b(1-p)(1-\delta)$$

和　$(b-d)N - (\alpha+b\delta)I = -A$

由(2.4.9)知,l_1 和 l_2 分别是(2.4.9)两条等倾线.l_1 对应 $I' = 0$,l_2 对应 $N' = 0$.以下用 k_1 和 k_2 分别表示 l_1 和 l_2 在 $I-N$ 平面上的斜率,用 I_1 和 I_1 分别表示 l_1 和 l_2 与 I 轴的交点横坐标.

(1) 记

$$P = [\beta - c((d+\alpha+\gamma)-b(1-p)(1-\delta))]N -$$
$$\beta I - [d+\alpha+\gamma-b(1-p)(1-\delta)]$$

则直线 l_1 即为 $P=0$.

条件(i)意味着 $1 < k_2 \leqslant k_1$. 又 $I_1 < 0 < I_2$, 所以 l_1 位于 l_2 的上方, $N'|_{P=0} > 0$.

因此 $V'|_{P=0} = [\beta - c((d+\alpha+\gamma) - b(1-p)(1-\delta))]N' > 0$.

于是,区域

$$\overline{D} = \left\{ \begin{array}{l} (I, N) \,|\, 0 \leqslant I \leqslant N, \\ \dfrac{[\beta - c((d+\alpha+\gamma) - b(1-p)(1-\delta))]N - \beta I}{[d+\alpha+\gamma - b(1-p)(1-\delta)]} > \end{array} \right\}$$

是(2.4.9)的正不变集.

由于在 $\overline{D}$ 上有 $I' > 0$, $N' > 0$, 故有 $\lim\limits_{t\to\infty} I(t) = \infty$, $\lim\limits_{t\to\infty} N(t) = \infty$.

(2) 由 $\alpha + d - b(1-\delta) \leqslant 0$ 可推知 $k_2 \leqslant 1$.

而由 $\beta > c[(d+\alpha+\gamma) - b(1-p)(1-\delta)]$ 可得知 $k_1 > 1$.

因而类似于(1)推理可得 $\lim\limits_{t\to\infty} I(t) = \infty$, $\lim\limits_{t\to\infty} N(t) = \infty$.

(3) 由 $\alpha + d + \gamma - b(1-p)(1-\delta) \leqslant 0$ 可推知 $k_1 \leqslant 1$, $d+\alpha - b(1-\delta) < 0$.

而由 $\alpha + d - b(1-\delta) < 0$ 可得到 $k_2 < 1$,同时, $I_1 \geqslant 0$, $I_2 > 0$, 因此 l_1 和 l_2 均位于直线 $N = I$ 的下方. 于是在 D 上有 $I' > 0$, $N' > 0$,即可得

$$\lim\limits_{t\to\infty} I(t) = \infty, \quad \lim\limits_{t\to\infty} N(t) = \infty$$

第三章 带有非线性传染率的 SIRS 模型

微分方程早已被用来作为研究许多传染病（譬如,麻疹、流感、结核、登革热和艾滋病等）传播动力行为的数学建模.研究这些模型的主要目的是弄清楚疾病传播的长期动力行为.对经典的流行病模型,这一目的往往可以通过分析模型的平衡点存在性和全局稳定性来实现.

借助数学模型研究各种传染病的传播过程和动力学行为,最关键的是对刻画传染病传播过程和传播行为的传染率描述的.常见传染率的形式有双线性型和标准型,研究成果较多.近年来,由于在流行病模型中引入了形式更一般的传染率,这就相应地使那些模型具有更复杂的动力学性态,从而有时用传统的分析方法很难达到目标.随着研究的深入,对带有非线性传染率的传染病模型已有了不少研究成果.人们对带有非线性传染率为 $\dfrac{\beta I^2 S}{1+\alpha I^2}$ 的传染病模型研究发现,此类模型会发生鞍结点分支、Hopf 分支和同宿分支,并证明了两个极限环的存在性.而含有形式为 $\beta I^p S^q$ 非线性传染率的传染病模型,也会发生 Hopf 分支而产生周期解[14,15,16,24,45,85,94,119,122,124,142].本章对常见的双线性型和标准型传染率进行推广,提出了 $\dfrac{\beta SI}{H+I}$、$\dfrac{\beta S}{S+I+cN}$、$\dfrac{\beta SI}{1+cI^3}$ 和 $\dfrac{\beta SI}{\varphi(I)}$ 等 4 类非线性传染率,并将其分别引入 SIRS 传染病模型中,通过构造 Liapunov 泛函和 Dulac 函数等办法,得到了分别具有传染率的模型无病平衡点和地方病平衡点存在的阈值,并获得了各类模型全局稳定性的完整结果.

3.1 含有 $\dfrac{\beta SI}{H+I}$ 型传染率的 SIRS 模型

本节将对带有传染率为 $\dfrac{\beta SI}{H+I}$ 的 SIRS 型传染病模型进行研究,
得到了无病平衡点和地方病平衡点存在及渐近稳定的阈值 R_0 和模型动力学性态的完整分析结果.

3.1.1 基本假设及模型

将所研究的种群分为易感者、染病者以及恢复者 3 类,以 $S = S(t)$、$I = I(t)$ 和 $R = R(t)$ 分别表示 t 时刻易感者、染病者和恢复者的数量,建立模型的基本假设为:

1) K 表示对种群的常数输入率;

2) d 表示种群的自然死亡率;

3) α 表示染病者的因病死亡率;

4) γ 表示染病者的恢复率;

5) ε 表示恢复者的免疫失去率,即恢复者中一部分将失去免疫又成为易感者;

6) 通过有效接触传染病传播的传染率为 $\dfrac{\beta SI}{H+I}$.

用框图表示在上述假设下的疾病传播规律为

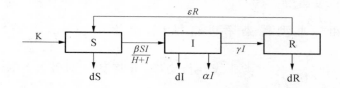

根据框图容易建立模型:

$$\begin{cases} \dfrac{dS}{dt} = K - dS - \dfrac{\beta SI}{H+I} + \varepsilon R \triangleq P(S, I, R) \\[2mm] \dfrac{dI}{dt} = \dfrac{\beta SI}{H+I} - (d+\alpha+\gamma)I \triangleq Q(S, I, R) \\[2mm] \dfrac{dR}{dt} = \gamma I - (d+\varepsilon)R \triangleq W(S, I, R) \end{cases} \qquad (3.1.1)$$

为了便于讨论,做变量代换:

$$x = \frac{S}{H}, \ y = \frac{I}{H}, \ z = \frac{R}{H}$$

则模型(3.1.1)变为

$$\begin{cases} \dfrac{dx}{dt} = A - dx - \dfrac{\beta xy}{1+y} + \varepsilon z \\[2mm] \dfrac{dy}{dt} = \dfrac{\beta xy}{1+y} - (d+\alpha+\gamma)y \\[2mm] \dfrac{dz}{dt} = \gamma y - (d+\varepsilon)z \end{cases} \qquad (3.1.2)$$

其中, $A = \dfrac{K}{H}$,同时,记 $R_0 = \dfrac{\beta A}{d(d+\alpha+\gamma)}$.

3.1.2 模型的分析

对模型(3.1.2)有:

$$\frac{d(x+y+z)}{dt} = A - d(x+y+z) - \alpha y \leqslant A - d(x+y+z)$$

所以 $\limsup\limits_{t \to \infty}[x(t)+y(t)+z(t)] \leqslant \dfrac{A}{d}$. 因此,易知集

$$\Omega = \left\{ (x, y, z) \colon x > 0, \ y \geqslant 0, \ z \geqslant 0, \ x+y+z \leqslant \frac{A}{d} \right\}$$

为模型(3.1.2)的正不变集,故以下仅在集 Ω 内讨论.

通过直接计算可得:

定理 1 当 $R_0 \leqslant 1$ 时,系统(3.1.2)仅有无病平衡点 $P_0(x_0, y_0, z_0) = \left(\dfrac{A}{d}, 0, 0\right)$,当 $R_0 > 1$ 时,除无病平衡点外,系统(3.1.2)还有惟一的地方病平衡点 $P_1(x_1, y_1, z_1)$. 其中 $x_1 = \dfrac{(d+\alpha+\gamma)}{\beta}(1 + y_1)$, $z_1 = \dfrac{\gamma y_1}{d+\varepsilon}$, $y_1 = \dfrac{\beta A - d(d+\alpha+\gamma)}{(d+\alpha+\gamma)(d+\beta) - \dfrac{\varepsilon\gamma\beta}{d+\varepsilon}}$.

定理 2 对于系统(3.1.2),当 $R_0 < 1$ 时,无病平衡点 P_0 是局部渐近稳定的;当 $R_0 > 1$ 时,P_0 是不稳定的,P_1 是局部渐近稳定的.

证明 P_0, P_1 的存在性显然. 下面主要证明它们的稳定性.

直接计算可得系统(3.1.2)在 P_0, P_1 处的雅可比矩阵分别为

$$J(P_0) = \begin{bmatrix} -d & -\dfrac{\beta A}{d} & \varepsilon \\ 0 & (d+\alpha+\gamma)(R_0-1) & 0 \\ 0 & \gamma & -(d+\varepsilon) \end{bmatrix}$$

$$J(P_1) = \begin{bmatrix} -\left(d+\dfrac{\beta y_1}{1+y_1}\right) & -\dfrac{\beta x_1}{(1+y_1)^2} & \varepsilon \\ \dfrac{\beta y_1}{1+y_1} & -\dfrac{\beta x_1 y_1}{(1+y_1)^2} & 0 \\ 0 & \gamma & -(d+\varepsilon) \end{bmatrix}$$

显然当 $R_0 < 1$ 时,$J(P_0)$ 的所有特征根为负,所以 P_0 是局部渐近稳定的. 当 $R_0 > 1$ 时,P_0 是不稳定的.

由于 x_1, y_1 满足方程 $\dfrac{\beta x}{1+y} - (d+\alpha+\gamma) = 0$,所以

$$J(P_1) = \begin{bmatrix} -\left(d + \dfrac{(d+\alpha+\gamma)y_1}{x_1}\right) & -\dfrac{(d+\alpha+\gamma)^2}{\beta x_1} & \varepsilon \\[3mm] \dfrac{(d+\alpha+\gamma)y_1}{x_1} & -\dfrac{(d+\alpha+\gamma)^2 y_1}{\beta x_1} & 0 \\[3mm] 0 & \gamma & -(d+\varepsilon) \end{bmatrix}$$

因此，$J(P_1)$ 的特征方程为：

$$\lambda^3 + \alpha_1 \lambda^2 + \alpha_2 \lambda + \alpha_3 = 0$$

其中

$$\alpha_1 = 2d + \varepsilon + \frac{d+\alpha+\gamma}{\beta x_1}(\beta + d + \alpha + \gamma)y_1$$

$$\alpha_2 = \left(d + \frac{(d+\alpha+\gamma)y_1}{x_1}\right)\left(\frac{(d+\alpha+\gamma)^2 y_1}{\beta x_1} + d + \varepsilon\right) +$$

$$\frac{(d+\alpha+\gamma)^2 y_1}{\beta x_1}(d+\varepsilon) + \frac{(d+\alpha+\gamma)^3 y_1}{\beta x_1^2}$$

$$\alpha_3 = \frac{(d+\alpha+\gamma)y_1}{x_1}\left[\frac{d+\alpha+\gamma}{\beta}(d+\varepsilon)\left(d + \frac{(d+\alpha+\gamma)y_1}{x_1}\right) +\right.$$

$$\left.\frac{(d+\alpha+\gamma)^2}{\beta x_1}(d+\varepsilon) - \gamma\varepsilon\right]$$

再次应用等式 $\beta x_1 = (d+\alpha+\gamma)(1+y_1)$ 可有

$$\alpha_2 = \frac{(d+\alpha+\gamma)^2 y_1}{x_1}\left(\frac{d}{\beta}+1\right) +$$

$$\frac{(d+\alpha+\gamma)y_1}{x_1}\left(\frac{d}{\beta}+1\right)(d+\varepsilon) + d(d+\varepsilon)$$

$$\alpha_3 = \frac{(d+\alpha+\gamma)y_1}{x_1}\left[(d+\alpha+\gamma)(d+\varepsilon)\left(\frac{d}{\beta}+1\right) - \varepsilon\gamma\right] > 0$$

从而直接计算知 $\alpha_1\alpha_2-\alpha_3>0$，所以 P_1 是局部渐近稳定的.

定理 3　对于系统(3.1.2)，当 $R_0<1$ 时无病平衡点 P_0 是全局渐近稳定的；当 $R_0>1$ 时地方病平衡点 P_1 是全局渐近稳定的.

证明：(i) 在不变集 Ω 内有 $x\leqslant\dfrac{A}{d}$，由系统(3.1.2)的第 2 个方程有

$$\frac{dy}{dt}\leqslant y[\beta x-(d+\alpha+\gamma)]\leqslant y(d+\alpha+\gamma)(R_0-1)$$

因此，当 $R_0<1$ 时 $\lim\limits_{t\to\infty}y(t)=0$. 结合 P_0 的局部渐近稳定性可知：当 $R_0<1$ 时，无病平衡点 P_0 是全局渐近稳定的.

(ii) 为了便于讨论 P_1 的全局渐近稳定性，记 $u=x+y+z$，则系统(3.1.2)等价于系统

$$\begin{cases}\dfrac{dI}{dt}=y\left[\dfrac{\beta(u-y-z)}{1+y}-(d+\alpha+\gamma)\right]\\[2mm]\dfrac{dR}{dt}=\gamma y-(d+\varepsilon)z\\[2mm]\dfrac{dN}{dt}=A-du-\alpha y\end{cases}\qquad(3.1.3)$$

系统(3.1.2)的平衡点 P_1 对应于系统(3.1.3)的平衡点 $\widetilde{P}_1(y_1,z_1,u_1)$（其中 $u_1=x_1+y_1+z_1$）. 于是系统(3.1.3)又等价于系统：

$$\begin{cases}\dfrac{dy}{dt}=\beta y\left[\dfrac{u-u_1}{1+y_1}-\dfrac{z-z_1}{1+y_1}-\dfrac{(y-z)(y-y_1)}{(1+y)(1+y_1)}-\left(\dfrac{y}{1+y}-\dfrac{y_1}{1+y_1}\right)\right]\\[2mm]\dfrac{dz}{dt}=\gamma(y-y_1)-(d+\varepsilon)(z-z_1)\\[2mm]\dfrac{du}{dt}=-d(u-u_1)-\alpha(y-y_1)\end{cases}\qquad(3.1.4)$$

定义 Liapunov 函数

$$V(y, z, u) = \frac{1}{\beta}\left(y - y_1 - y_1 \ln \frac{y}{y_1}\right) + \frac{(z - z_1)^2}{2\gamma(1 + y_1)} + \frac{(u - u_1)^2}{2\alpha(1 + y_1)}$$

则其沿着系统(3.1.4)的全导数为：

$$\left.\frac{dV}{dt}\right|_{(3.1.3)} = -\frac{(1 + u - z)(y - y_1)^2}{(1 + y_1)(1 + y)} - $$

$$\frac{(d + \varepsilon)(z - z_1)^2}{\gamma(1 + y_1)} - \frac{d(u - u_1)^2}{\alpha(1 + y_1)}$$

因为 $u \geqslant z$，所以 $\dfrac{dV}{dt}$ 关于 (y_1, z_1, u_1) 是负定的. 因此系统(3.1.3)的平衡点是全局渐近稳定的，即系统(3.1.2)的无病平衡点 P_1 是全局渐近稳定的.

3.1.3　结论

本节的研究表明，我们可以调控 R_0 使之小于1，避免传染病成为地方病. 注意到 R_0 与种群的自然死亡率、染病者的因病死亡率、染病者的恢复率有关，因此调控这些参数使 $R_0 < 1$ 是可以实现的.

3.2　含有 $\dfrac{\beta SI}{1 + cI^3}$ 型传染率的 SIRS 模型

本节将对带有传染率为 $\dfrac{\beta SI}{1 + cI^3}$ 的 SIRS 型传染病模型进行研究，得到了无病平衡点和地方病平衡点存在及渐近稳定的阈值 R_0 和模型动力学性态的完整分析结果.

3.2.1　基本假设及模型

将所研究的种群分为易感者、染病者以及恢复者 3 类，以 $S = S(t)$、$I = I(t)$ 和 $R = R(t)$ 分别表示 t 时刻易感者、染病者和恢复者的数量，建立模型的基本假设为：

1) K 表示对种群的常数输入率;

2) d 表示种群的自然死亡率;

3) α 表示染病者的因病死亡率;

4) γ 表示染病者的恢复率;

5) ε 表示恢复者的免疫失去率,即恢复者中一部分将失去免疫而又成为易感者;

6) 通过有效接触传染病传播的传染率为 $\dfrac{\beta SI}{1+cI^3}$.

用框图表示在上述假设下的疾病传播规律为

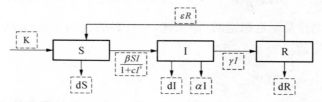

根据框图容易建立模型:

$$
\begin{cases}
\dfrac{dS}{dt} = K - dS - \dfrac{\beta SI}{1+cI^3} + \varepsilon R \overset{\triangle}{=} P(S,\ I,\ R) \\[3mm]
\dfrac{dI}{dt} = \dfrac{\beta SI}{1+cI^3} - (d+\alpha+\gamma)I \overset{\triangle}{=} Q(S,\ I,\ R) \\[3mm]
\dfrac{dR}{dt} = \gamma I - (d+\varepsilon)R \overset{\triangle}{=} W(S,\ I,\ R)
\end{cases}
\qquad (3.2.1)
$$

3.2.2 模型的分析

由模型(3.2.1)有:

$$
\frac{d(S+I+R)}{dt} = K - d(S+I+R) - \alpha I \leqslant K - d(S+I+R)
$$

所以 $\displaystyle \limsup_{t \to \infty}[S(t)+I(t)+R(t)] \leqslant \frac{K}{d}$. 因此,易知集

$$\Omega = \left\{ (S,\ I,\ R)\colon S>0,\ I\geqslant 0,\ R\geqslant 0,\ S+I+R\leqslant \frac{K}{d} \right\}$$

为模型(3.2.1)的正不变集,故以下仅在集 Ω 内讨论.

通过直接计算并记 $R_0 = \dfrac{K\beta}{d(d+\alpha+\gamma)}$ 可得:

定理 1 当 $R_0 \leqslant 1$ 时,系统(3.2.1)仅有无病平衡点 $P_0(S_0,\ I_0,$ $R_0) = \left(\dfrac{K}{d},\ 0,\ 0 \right)$;当 $R_0 > 1$ 时,系统(3.2.1)除无病平衡点外,还有

惟一的地方病平衡点 $P_1(S_1,\ I_1,\ R_1)$. 其中 $S_1 = \dfrac{(d+\alpha+\gamma)}{\beta}(1+$ $cI_1^3)$, $R_1 = \dfrac{\gamma}{d+\varepsilon}I_1$, I_1 是方程

$$K - dS - (d+\alpha+\gamma)I + \varepsilon R = 0$$

的惟一解.

证明 P_0 的存在性显然. 而当 $I\neq 0$ 时,由 $Q=0,W=0$ 可容易得到

$S = \dfrac{(d+\alpha+\gamma)}{\beta}(1+cI^3)$, $R = \dfrac{\gamma}{d+\varepsilon}I$. 将其代入 $P=0$ 中可得:

$$F(I) = K - \frac{d(d+\alpha+\gamma)}{\beta}(1+cI^3) -$$

$$(d+\alpha+\gamma)I + \frac{\gamma\varepsilon}{d+\varepsilon}I$$

$$= 0$$

$$F(0) = K\left(1 - \frac{1}{R_0}\right),\ F\left(\frac{K}{d}\right)$$

$$= -\frac{d(d+\alpha+\gamma)}{\beta}\left(1 + c\frac{K^3}{d^3}\right) - \frac{K}{d}\ .$$

$$\frac{\alpha d + \alpha \varepsilon + \gamma d}{d + \varepsilon} < 0$$

而 $F'(I) = -\frac{d(d+\alpha+\gamma)}{\beta} \cdot 3cI^2 - \left(d+\alpha+\gamma-\frac{\gamma\varepsilon}{d+\varepsilon}\right) < 0$

$\therefore$ $F(I)$ 在 $\left(0, \dfrac{K}{d}\right)$ 内有惟一的解 I_1.

从而系统(3.2.1)在不变集上有惟一的正平衡解 $P_1(S_1, I_1, R_1)$.

定理 2 对于系统(3.2.1),当 $R_0 < 1$ 时无病平衡点 $P_0(S_0, I_0, R_0) = \left(\dfrac{K}{d}, 0, 0\right)$ 是局部渐近稳定的;当 $R_0 > 1$ 时,P_0 是不稳定的,地方病平衡点 $P_1(S_1, I_1, R_1)$ 是局部渐近稳定的.

证明: 通过计算可得:

$$P'_S = -d - \frac{\beta I}{1+cI^3}, \quad Q'_S = \frac{\beta I}{1+cI^3}, \quad W'_S = 0$$

$$P'_I = -\frac{\beta S}{1+cI^3} + \frac{\beta SI}{(1+cI^3)^2} \cdot 3cI^2$$

$$Q'_I = -(d+\alpha+\gamma) + \frac{\beta S}{1+cI^3} - \frac{\beta SI}{(1+cI^3)^2} \cdot 3cI^2$$

$$W'_I = \gamma, \quad P'_R = \varepsilon, \quad Q'_R = 0, \quad W'_R = -(d+\varepsilon)$$

直接计算可得系统(3.2.2)在无病平衡点 P_0 和 P_1 处的 Jacobian 矩阵分别为:

$$J(P_0) = \begin{pmatrix} -d & -\dfrac{\beta K}{d} & \varepsilon \\ 0 & -(d+\alpha+\gamma)+\dfrac{\beta K}{d} & 0 \\ 0 & \gamma & -(d+\varepsilon) \end{pmatrix}$$

$$= \begin{bmatrix} -d & -\dfrac{\beta K}{d} & \varepsilon \\ 0 & (d+\alpha+\gamma)(R_0-1) & 0 \\ 0 & \gamma & -(d+\varepsilon) \end{bmatrix}$$

$$J(P_1) = \begin{bmatrix} -d-\dfrac{\beta I}{1+cI^3} & -(d+\alpha+\gamma)\left(1-\dfrac{3cI^3}{1+cI^3}\right) & \varepsilon \\ \dfrac{\beta I}{1+cI^3} & -(d+\alpha+\gamma)\cdot\dfrac{3cI^3}{1+cI^3} & 0 \\ 0 & \gamma & -(d+\varepsilon) \end{bmatrix}$$

显然当 $R_0 < 1$ 时,$J(P_0)$ 的所有特征根是负的,故 P_0 是局部渐近稳定的.

$J(P_1)$ 的特征方程为

$$\lambda^3 + \alpha_1\lambda^2 + \alpha_2\lambda + \alpha_3 = 0$$

其中

$$\alpha_1 = 2d + \varepsilon + \frac{d+\alpha+\gamma}{\beta S_1}I_1[\beta + 3c(d+\alpha+\gamma)I_1]$$

$$\alpha_2 = \frac{d+\alpha+\gamma}{S_1}I_1 \cdot (2d+\alpha+\gamma+\varepsilon) +$$
$$\frac{3c(d+\alpha+\gamma)^2 I_1^3}{\beta S_1} \cdot (2d+\varepsilon) + d(d+\varepsilon)$$

$$\alpha_3 = \frac{d+\alpha+\gamma}{\beta S_1}I_1 \cdot [(d+\varepsilon)(d+\alpha+\gamma)(3cdI_1^2+\beta) - \gamma\varepsilon\beta]$$

显然有 $\alpha_1 > 0$,$\alpha_2 > 0$,$\alpha_3 > 0$. 而且易验证 $\alpha_1\alpha_2 - \alpha_3 > 0$,所以,$J(P_1)$ 所有特征根为负,因而 P_1 是局部渐近稳定的.

定理 3 对于系统(3.2.1),当 $R_0 < 1$ 时无病平衡点 $P_0(S_0, I_0, R_0)' = \left(\dfrac{K}{d}, 0, 0\right)$ 是全局渐近稳定的;当 $R_0 > 1$ 时地方病平衡点 $P_1(S_1, I_1, R_1)$ 是全局渐近稳定的.

证明 (i) 在不变集 Ω 内有 $S \leqslant \dfrac{K}{d}$,由系统(3.2.1)的第 2 个方程有

$$\frac{dI}{dt} = I\left(\frac{\beta S}{1 + cI^3} - (d + \alpha + \gamma)\right)$$

$$\leqslant I(\beta S - (d + \alpha + \gamma))$$

$$\leqslant I\left(\beta \cdot \frac{K}{d} - (d + \alpha + \gamma)\right)$$

$$= I(d + \alpha + \gamma)(R_0 - 1)$$

因此,当 $R_0 < 1$ 时 $\lim\limits_{t \to \infty} I(t) = 0$. 结合 P_0 的局部渐近稳定性可知:当 $R_0 < 1$ 时无病平衡点 $P_0(S_0, I_0, R_0) = \left(\dfrac{K}{d}, 0, 0\right)$ 是全局渐近稳定的.

(ii) 为了便于讨论 $P_1(S_1, I_1, R_1)$ 的全局渐近稳定性,记 $N = S + I + R$,则系统(3.2.1)等价于系统

$$\begin{cases} \dfrac{dI}{dt} = I\left[\dfrac{\beta(N - I - R)}{1 + cI^3} - (d + \alpha + \gamma)\right] \\[2mm] \dfrac{dR}{dt} = \gamma I - (d + \varepsilon)R \\[2mm] \dfrac{dN}{dt} = K - dN - \alpha I \end{cases} \qquad (3.2.2)$$

系统(3.2.1)的平衡点 P_1 对应于系统(3.2.2)的平衡点 $\widetilde{P}_1(I_1, R_1,$

N_1),其中 $N_1 = I_1 + R_1 + S_1$. 因此系统(3.2.2)又等价于系统:

$$
\begin{cases}
\dfrac{dI}{dt} = I\left[\dfrac{\beta(N-I-R)}{1+cI^3} - (d+\alpha+\gamma) - \right. \\
\qquad \dfrac{\beta(N_1-I_1-R_1)}{1+cI_1^3} + (d+\alpha+\gamma)\Big] \\
\qquad = \beta I\left[\dfrac{N-N_1}{1+cI_1^3} - \dfrac{R-R_1}{1+cI_1^3} - \right. \\
\qquad \dfrac{c(N-R-I)(I^3-I_1^3)+(1+cI^3)(I-I_1)}{(1+cI^3)(1+cI_1^3)}\Big] \\
\dfrac{dR}{dt} = \gamma(I-I_1) - (d-\varepsilon)(R-R_1) \\
\dfrac{dN}{dt} = -d(N-N_1) - \alpha(I-I_1)
\end{cases}
$$

$$(3.2.3)$$

定义 Liapunov 函数:

$$
V(I, R, N) = \frac{1}{\beta}\left(I-I_1-I_1\ln\frac{I}{I_1}\right) + \frac{(R-R_1)^2}{2\gamma(1+cI_1^3)} + \frac{(N-N_1)^2}{2\alpha(1+cI_1^3)}
$$

则其沿着系统(3.2.3)的全导数为:

$$
\left.\frac{dV}{dt}\right|_{(3.2.3)} = -(d+\varepsilon)\cdot\frac{(R-R_1)^2}{\gamma(1+cI_1^3)} - d\cdot\frac{(N-N_1)^2}{\alpha(1+cI_1^3)} -
$$

$$
\frac{c(N-R-I)(I-I_1)(I^3-I_1^3)+(1+cI^3)(I-I_1)^2}{(1+cI^3)(1+cI_1^3)} < 0
$$

因此系统(3.2.2)的平衡点是全局渐近稳定的,即系统(3.2.1)的无病平衡点 P_1 是全局渐近稳定的.

3.2.3 结论

本文的研究表明,我们可以调控 R_0 使之小于 1,避免传染病成为地方病.注意到 R_0 与种群的自然死亡率、染病者的因病死亡率、染病者的恢复率有关,因此调控这些参数使 $R_0 < 1$ 是可以实现的.

3.3 带有 $\dfrac{\beta SI}{S+I+cN}$ 型传染率的 SIRS 模型

本节将一种非线性传染率:$\dfrac{\beta SI}{S+I+cN}$ 引入要研究的 SIRS 型传染病模型中,并且还设种群的自然死亡率 $f(N)$ 与种群的数量 N 有关.通过 LaSalle 不变集原理和排除空间周期解等办法,得到了无病平衡点和地方病平衡点存在及渐近稳定的阈值 R_0 和模型动力学性态的完整分析结果.

3.3.1 基本假设及模型

通常由病毒引起的传染病的传播就会在患病者恢复后一定时间内具有免疫力.当其失去免疫力后又成为易感者.因此将种群(N)分为三类(子种群):易感类(S),染病类(I)和恢复类(R).并做如下基本假设:

1)种群的内禀增长率为 $b > 0$;

2)种群的自然死亡率 $f(N)$ 与种群的数量 N 有关,满足 $f'(N) > 0$,$0 < f(0) < b < f(+\infty)$.当种群中无疾病存在时,种群($N$)的变化率符合方程

$$N' = [b - f(N)]N; \tag{3.3.1}$$

3)α 表示染病者的因病死亡率;

4)γ 表示染病者的恢复率,即 $\dfrac{1}{\gamma}$ 就是平均传染期;

5) ε 表示恢复者的免疫失去率,即恢复者中一部分将失去免疫而又成为易感者;

6) 通过有效接触传染病传播的传染率为 $\dfrac{\beta SI}{S+I+cN}$.

在上述假设下的疾病传播规律用框图表示为

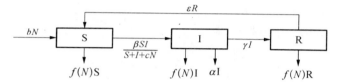

根据框图容易建立模型:

$$\begin{cases} S' = bN - f(N)S - \dfrac{\beta SI}{S+I+cN} + \varepsilon R \\[2mm] I' = \dfrac{\beta SI}{S+I+cN} - (f(N)+\alpha+\gamma)I \\[2mm] R' = \gamma I - (f(N)+\varepsilon)R, \end{cases} \tag{3.3.2}$$

由于 $N(t)=S(t)+I(t)+R(t)$,所以有

$$N' = (b-f(N))N - \alpha I. \tag{3.3.3}$$

作变量代换:

$$x = \frac{S}{N},\ y = \frac{I}{N},\ z = \frac{R}{N},$$

则 $x(t)$, $y(t)$ 和 $z(t)$ 分别表示 t 时刻易感类、染病类和恢复类在种群中所占的比例. 直接计算可得

$$\begin{cases} x' = b - bx - \left(\dfrac{\beta}{c+x+y} - \alpha\right)xy + \varepsilon z \\[2mm] y' = y\left[\dfrac{\beta}{c+x+y} + \alpha y - (b+\alpha+\gamma)\right] \\[2mm] z' = \gamma y - (b+\varepsilon)z + \alpha yz \end{cases} \tag{3.3.4}$$

和

$$N' = [b - \alpha y - f(N)]N. \tag{3.3.5}$$

根据模型的实际意义,设系统(3.3.4)和(3.3.5)的初始条件为

$$x(0) > 0, y(0) \geqslant 0, z(0) \geqslant 0, N(0) > 0.$$

由 $N = S + I + R$ 有 $x + y + z = 1$. 将 $x = 1 - y - z$ 代入系统 (3.3.4)的第二个方程可得:

$$\begin{cases} y' = y\left[\dfrac{\beta(1-y-z)}{c+1-z} + \alpha y - D\right] \triangleq yF(y, z), \\ z' = \gamma y - (b+\varepsilon)z + \alpha yz \triangleq G(y, z), \end{cases} \tag{3.3.6}$$

其中 $D = b + \alpha + \gamma > \alpha$.

显然, $y = 0$ 是系统(3.3.6)的解. 由解的存在惟一性知: 当初值 $y(0) > 0$ 时, 对于 $t > 0$ 都有 $y(t) > 0$, 进而由系统(3.3.4)中的第一个和第三个方程有 $z(t) > 0$, $x(t) > 0$, 所以系统(3.3.6)有正不变集

$$\Omega = \{(y, z): y \geqslant 0, z \geqslant 0, y + z \leqslant 1\}.$$

3.3.2 平衡点及其局部稳定性

关于系统(3.3.6)的平衡点有

定理 1 记 $R_0 = \dfrac{\beta}{(c+1)D}$. 系统(3.3.6)对任意的参数都有无病平衡点 $P_0(y_0, z_0) = (0, 0)$. 当且仅当 $R_0 > 1$ 时系统(3.3.6)还有惟一的地方病平衡点 $P^*(y^*, z^*)$, 其中 y^*, z^* 是方程组

$$\begin{cases} F(y, z) = 0, \\ G(y, z) = 0. \end{cases} \tag{3.3.7}$$

在区域 Ω 内部的解.

证明 无病平衡点 P_0 的存在性易知, 下面主要证明地方病平衡

点 P^* 的存在性.

记由 $F(x,y)=0$ 和 $G(x,y)=0$ 所确定的曲线分别为 l_1 和 l_2, 则 l_1 和 l_2 的方程分别为

$$y=h_1(z)=\frac{\beta-D(c+1)-(\beta-D)z}{\beta-\alpha(c+1)+\alpha z}$$

和

$$y=h_2(z)=\frac{(b+\varepsilon)z}{\gamma+\alpha z}.$$

因此,讨论正平衡点的存在性问题就转化为讨论曲线 l_1 和 l_2 在区域 Ω 内有无交点的问题. 对于 l_1 有

$$h_1(0)=\frac{\beta-D(c+1)}{\beta-\alpha(c+1)}(\beta\neq\alpha(c+1)),$$

$$h_1(1)=-\frac{cD}{\beta-\alpha c}\ (\beta\neq\alpha c),$$

$$\lim_{z\to\infty}h_1(z)=-\frac{\beta-D}{\alpha},\ h_1'(z)=-\frac{\beta(\beta-D-\alpha c)}{[\beta-\alpha(c+1)+\alpha z]^2},$$

$$h''_1(z)=\frac{2\alpha\beta(\beta-D-\alpha c)}{[\beta-\alpha(c+1)+\alpha z]^3}.$$

对于 l_2 有

$$h_2'(z)>0,\ h_2(0)=0,\ \lim_{z\to\infty}h_2(z)=\frac{b+\varepsilon}{\alpha}.$$

(1) 当 $R_0>1$ 即 $\beta>(c+1)D$ 时有 $\beta>D+c\alpha>(c+1)\alpha$,则 $h_1'(z)<0,h''_1(z)>0$,即当 $z>0$ 时 l_1 是一条向上凹的递减曲线. 又 $0<h_1(0)<1$ 和 $h_1(1)<0$,而 l_2 是一条递增的曲线,所以当 $R_0>1$ 时 l_1 和 l_2 在区域 Ω 内有惟一的交点 $P^*(y^*,z^*)$.同时可知:在 $P^*(y^*,z^*)$ 处有

$$-\frac{F_z}{F_y}<0,\ \frac{G_z}{G_y}>0. \qquad (3.3.8)$$

(2) 当 $R_0=1$ 即 $\beta=(c+1)D$ 时,有 $h_1'(z)<0$, $h_1(0)=0$,因此,对于 $z>0$ 便有 $h_1(z)<0$,所以 l_1 和 l_2 在区域 Ω 内没有交点.

(3) 当 $R_0<1$ 即 $\beta<(c+1)D$ 时,分以下五种情形来考虑:

(i) 如果 $D+c\alpha<\beta<(c+1)D$,则 $h_1'(z)<0$, $h_1(0)<0$,所以对于 $z>0$ 便有 $h_1(z)<0$.

(ii) 如果 $\beta=D+c\alpha$,则 $h_1(z)=-c<0$.

(iii) 如果 $\alpha(c+1)<\beta<D+c\alpha$ 则 $h_1'(z)>0$, $h_1(1)<0$,所以对于 $0<z<1$ 便有 $h_1(z)<0$.

(iv) 如果 $\beta=\alpha(c+1)$,则 $h_1'(z)>0$, $h_1(1)=-\dfrac{cD}{\alpha}<0$,所以对于 $0<z<1$ 便有 $h_1(z)<0$.

(v) 如果 $\beta<\alpha(c+1)$,则 $h_1'(z)>0$,但曲线 l_1 有渐近线: $z=\dfrac{\alpha(c+1)-\beta}{\alpha}\triangleq\bar{z}.$

当 $\alpha c<\beta<(c+1)\alpha$ 时, $0<\bar{z}<1$, $h_1(0)>1$, $h_1(1)<0$,所以对于 $0<z<\bar{z}$ 有 $h_1(z)>1$;对于 $\bar{z}<z<1$ 有 $h_1(z)<0$.

当 $\beta\leqslant c\alpha$ 时, $\bar{z}\geqslant1$, $h_1(0)>1$,所以对于 $0<z<1$ 有 $h_1(z)>1$.

因此,当 $R_0<1$ 时,对于 $0<z<1$, l_1 不与 Ω 有公共部分,所以这时 l_1 和 l_2 在区域 Ω 内没有交点.

由以上推理知,定理 1 成立.

下面给出关于系统(3.3.6)的无病平衡点 P_0 和地方病平衡点 P^* 局部渐近稳定性的定理:

定理 2 当 $R_0\leqslant1$ 时, P_0 关于区域 Ω 是局部渐近稳定的;当 $R_0>1$ 时, P_0 是不稳定的, P^* 是局部渐近稳定的.

证明 (1) 当 $R_0>1$ 时,系统(3.3.6)在地方病平衡点 P^* 处的 Jacobian 矩阵为

$$J(P^*) = \begin{pmatrix} y^* F_y(y^*, z^*) & y^* F_z(y^*, z^*) \\ G_y(y^*, z^*) & G_z(y^*, z^*) \end{pmatrix}.$$

由于

$$F_z(y^*, z^*) = -\frac{\beta(c+y^*)}{(c+1-z^*)^2} < 0, \quad G_y(y^*, z^*) = \gamma + \alpha z^* >$$

0, 所以根据(3.3.8)式有 $F_y(\dot{y}^*, z^*) < 0, G_z(y^*, z^*) < 0$.

因此, $trJ(P^*) < 0, \det J(P^*) > 0$, 即 P^* 是局部渐近稳定的.

(2) 系统(3.3.6)在无病平衡点 P_0 处的 Jacobian 矩阵为

$$J(P_0) = \begin{pmatrix} D(R_0 - 1) & 0 \\ \gamma & -(b+\varepsilon) \end{pmatrix},$$

所以当 $R_0 < 1$ 时, P_0 是局部渐近稳定的; 当 $R_0 > 1$ 时 P_0 是不稳定的; 当 $R_0 = 1$ 时 P_0 是高阶奇点.

为了讨论当 $R_0 = 1$ 时无病平衡点 P_0 的局部稳定性, 将 $D = \frac{\beta}{(c+1)}$ 代入系统(3.3.6), 并做变量代换:

$$u = \gamma y - (b+\varepsilon)z, \tau = -(b+\varepsilon)t,$$

则系统(3.3.6)变为

$$\begin{cases} \dfrac{dy}{d\tau} = -\dfrac{y}{b+\varepsilon}\left\{\alpha y - \dfrac{\beta}{c+1}\cdot\dfrac{[c\gamma+(b+\varepsilon)(c+1)]y-cu}{(b+\gamma)(c+1)+u-\gamma y}\right\}, \\ \dfrac{du}{d\tau} = u - \dfrac{y}{b+\varepsilon}\left\{\alpha u - \dfrac{\beta\gamma}{c+1}\cdot\dfrac{[c\gamma+(b+\varepsilon)(c+1)]y-cu}{(b+\gamma)(c+1)+u-\gamma y}\right\} \\ \qquad \triangleq H(y,u). \end{cases}$$

$$(3.3.9)$$

系统(3.3.9)的平衡点$(0,0)$对应于系统(3.3.6)的无病平衡点 P_0.

由于 $H(0,0)=0, H_y(0,0)=0, H_u(0,0)=1$, 所以由 $H(y, u)=0$ 有 $u=o(y)$ ($o(y)$ 表示 y 的高阶无穷小). 将 $u=o(y)$ 代入

(3.3.9)中的第一个方程可得:

$$\frac{dy}{d\tau} = -\frac{y^2}{b+\varepsilon}\left[\alpha - \frac{\beta}{c+1} \cdot \frac{c\gamma + (b+\varepsilon)(c+1)}{(b+\varepsilon)(c+1)}\right] + o(y^2).$$

由于

$$\alpha - \frac{\beta}{c+1} \cdot \frac{c\gamma + (b+\varepsilon)(c+1)}{(b+\varepsilon)(c+1)} < \alpha - \frac{\beta}{c+1} < D - \frac{\beta}{c+1} = 0,$$

所以根据[10]中的定理 7.1,并注意到变换 $\tau = -(b+\varepsilon)t$ 便可知,当 $R_0 = 1$ 时 P_0 在 Ω 内是渐近稳定的.

3.3.3 平衡点的全局渐近稳定性

1. 无病平衡点的全局渐近稳定性

为了证明无病平衡点的全局渐近稳定性,首先来证明一个引理:

定理 3 当 $\beta \geqslant \alpha(c+1)$ 时,

$$F(y, z) = \frac{\beta(1-y-z)}{c+1-z} + \alpha y - D \text{ 在 } \Omega \text{ 上的最大值} \frac{\beta}{c+1} - D \text{ 在}$$

点$(0, 0)$处取得;当 $\beta < \alpha(c+1)$ 时,$F(y, z)$ 在 Ω 上的最大值 $\alpha - D$ 在点$(1, 0)$处取得.

证明 由于在 Ω 上有 $F_z(y, z) = -\frac{\beta(c+y)}{(c+1-z)^2} < 0$,所以在 Ω 上对于任意给定的 y,$F(y, z)$ 都是 z 的严格递减函数,因此 $F(y, z)$ 的最大值在 $z = 0$ 上取得.

记 $\Phi(y) = F(y, 0) = \frac{\beta(1-y)}{c+1} + \alpha y - D$,则 $\Phi'(y) = -\frac{\beta}{c+1} + \alpha$.

当 $\beta > \alpha(c+1)$ 时,$\Phi'(y) < 0$,因此 $\Phi(y)$ 在 $y = 0$ 处取得最大值 $\frac{\beta}{c+1} - D$;

当 $\beta = \alpha(c+1)$ 时,$\Phi(y) = \frac{\beta}{c+1} - D$;

当 $\beta < \alpha(c+1)$ 时,$\Phi'(y) > 0$,因此 $\Phi(y)$ 在 $y=1$ 处取得最大值 $\alpha - D$.

定理 3 证毕.

定理 4 当 $R_0 \leqslant 1$ 时,P_0 在 Ω 上是全局渐近稳定的.

证明 注意 $R_0 \leqslant 1$ 即 $\beta \leqslant D(c+1)$. 同时,$D > \alpha$.

(1) 当 $\beta < \alpha(c+1)$ 时,依定理 3,在 Ω 上有 $y' = yF(y,z) \leqslant y(\alpha - D)$. 由于 $\alpha - D < 0$,所以有 $\lim\limits_{t \to \infty} y(t) = 0$.

(2) 当 $\alpha(c+1) \leqslant \beta \leqslant D(c+1)$ 时,依引理 3,在 Ω 上有 $y' = yF(y,z) \leqslant y\left(\dfrac{\beta}{c+1} - D\right)$. 因此当 $\beta < D(c+1)$ 时有 $\lim\limits_{t \to \infty} y(t) = 0$. 当 $\beta = D(c+1)$ 时 $F(y,z)$ 在 Ω 上非正,而 $F(y,z)$ 仅在 $(0,0)$ 处为 0. 于是依 LaSalle 不变集原理有 $\lim\limits_{t \to \infty} y(t) = 0$. 进一步,当 $\lim\limits_{t \to \infty} y(t) = 0$ 时,由(6)中的第二个方程有 $\lim\limits_{t \to \infty} z(t) = 0$.

由以上推理,再结合定理 2 便知定理 4 成立.

2. 地方病平衡点的全局渐近稳定性

定理 5 系统(3.3.6)不存在周期解.

证明 记 $\overline{\Omega} = \{(x,y,z): x>0,\ y \geqslant 0,\ z \geqslant 0,\ x+y+z=1\}$,则易知系统(3.3.4)在 $\overline{\Omega}$ 上周期解的存在性相同于系统(3.3.6)在 Ω 上的周期解存在性. 下面通过证明系统(3.3.4)在 $\overline{\Omega}$ 上的周期解不存在来获得系统(3.3.6)在 Ω 上不存在周期解.

显然,$\overline{\Omega}$ 的边界线不能构成系统(3.3.4)的周期解. 下面仅在 $\overline{\Omega}$ 的内部考虑.

假设系统(3.3.4)存在有周期解 $\phi(t) = \{x(t),y(t),z(t)\}$,则记 Γ 为周期解 $\phi(t)$ 的轨线,由 $\phi(t)$ 所围成的区域记为 $\sigma: \sigma \subset \overline{\Omega}$.

用 $f_1(x,y,z)$,$f_2(x,y,z)$ 和 $f_3(x,y,z)$ 分别表示系统(3.3.4)右端的三个表达式. 记 $\vec{f} = (f_1,f_2,f_3)^T$($T$ 表示转置),$\vec{g} = \dfrac{1}{xyz} \cdot \vec{r} \times \vec{f}$(其中 $\vec{r} = (x,y,z)^T$),则

$$\vec{g} \cdot \vec{f} = 0 \tag{3.3.10}$$

直接计算可得：$rot\ \vec{g} = (g_1,\ g_2,\ g_3)$，其中

$$g_1 = \frac{\beta c}{z(c+x+y)^2} - \frac{1}{xy}\left(\varepsilon + \frac{\gamma xy}{z^2}\right),$$

$$g_2 = -\frac{\gamma y}{xz^2} - \frac{b+\varepsilon z}{x^2 z} - \frac{\beta c}{z(c+x+y)^2},$$

$$g_3 = -\frac{b+\varepsilon z}{x^2 y} - \frac{\gamma}{xz}.$$

因此，

$$rot\ \vec{g} \cdot (1,\ 1,\ 1) = -\left[\frac{b+\varepsilon z}{x^2}\left(\frac{1}{z}+\frac{1}{y}\right) + \frac{1}{x}\left(\frac{\varepsilon}{y}+\frac{\gamma}{z^2}\right)\right] < 0 \tag{3.3.11}$$

取平面块 σ 的方向向上，Γ 的方向与 σ 的方向成右手法则. 由于向量 $(1,\ 1,\ 1)^T$ 是平面块 σ 的法向量，因此依 Stokes 公式有

$$\frac{1}{\sqrt{3}}\iint_\sigma rot\ \vec{g} \cdot (1,\ 1,\ 1)^T dS = \oint_\Gamma \frac{\vec{g} \cdot \vec{f}}{\vec{f}} ds \tag{3.3.12}$$

由 (3.3.10) 和 (3.3.11) 知，(3.3.12) 不成立. 因此，系统 (3.3.4) 在 $\overline{\Omega}$ 上不可能存在周期解，即系统 (3.3.6) 在 Ω 上不存在周期解. 定理 5 证毕.

由定理 2 和定理 5 有

定理 6 当 $R_0 > 1$ 时，地方病平衡点 P^* 是全局渐近稳定的.

3.3.4 种群的动力性态

由方程 (3.3.1) 及对 $f(N)$ 的假设可得，当种群中无疾病存在时，种群有全局稳定的正平衡值 $\overline{N} = f^{-1}(b)$（$\overline{N}$ 为种群的最大容纳量），

即 $\lim\limits_{t \to +\infty} N(t) = \overline{N}$.

由方程(3.3.5)知,当传染病存在于种群之中并含有因病死亡率时,总种群的正平衡值由方程 $f(N) = b - \alpha \bar{y}$ 来确定,其中 $\bar{y}$ 为系统(3.3.6)的平衡点的 y 坐标.

依定理 4,当 $R_0 \leqslant 1$ 时,系统(3.3.6)的无病平衡点 $P_0(0，0)$ 是全局渐近稳定的,所以此时有

$$\lim\limits_{t \to +\infty} N(t) = \overline{N}, \text{且} \lim\limits_{t \to +\infty} S(t) = \overline{N}, \ \lim\limits_{t \to +\infty} I(t) = 0, \ \lim\limits_{t \to +\infty} R(t) = 0.$$

依定理 6,当 $R_0 > 1$ 时,系统(3.3.6)的地方病平衡点 $P^*(y^*, z^*)$ 是全局渐近稳定的,所以当 $b > \alpha y^*$ 时 N 的正平衡值为 $N^* = f^{-1}(b - \alpha y^*)$,且 $\lim\limits_{t \to +\infty} N(t) = N^*$,于是

$$\lim\limits_{t \to +\infty} S(t) = x^* N^*, \ \lim\limits_{t \to +\infty} I(t) = y^* N^*, \ \lim\limits_{t \to +\infty} R(t) = z^* N^*.$$

当 $b < \alpha y^*$ 时 N 无正平衡值,仅存在平凡平衡值 $N = 0$,且 $\lim\limits_{t \to +\infty} N(t) = 0$. 这意味着此时疾病致使总种群最终要灭绝,但疾病一直存在于种群之中,且易感者,染病者和恢复者在种群中所占的比例平衡值分别为 x^*, y^*, z^*.

3.4 具有非线性传染率的两类传染病模型的全局分析

本节将推广的非线性传染率 $\dfrac{\beta IS}{\varphi(I)}$ 引入具有常数输入的 SIS 型和 SIRS 型传染病模型中进行研究,力争得到其动力学性态的完整分析结果.

3.4.1 基本假设及模型

以 $S = S(t)$、$I = I(t)$ 和 $R = R(t)$ 分别表示 t 时刻易感者、染病者和恢复者的数量,并假设:

1) K 表示对种群的常数输入率;

2) d 表示种群的自然死亡率；

3) α 表示染病者的因病死亡率；

4) γ 表示染病者的恢复率；

5) ε 表示恢复者的免疫失去率,即恢复者中一部分将失去免疫而又成为易感者；

6) 通过有效接触传染病传播的传染率为 $\dfrac{\beta SI}{\phi(I)}$.

用框图表示在上述假设下的疾病传播规律为

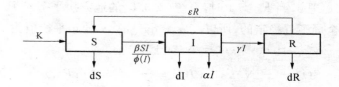

根据框图容易建立带有传染率为 $\dfrac{\beta IS}{\varphi(I)}$ 的 SIS 型和 SIRS 型传染病模型

$$\begin{cases} \dfrac{dS}{dt} = K - dS - \dfrac{\beta SI}{\varphi(I)} + \gamma I \triangleq P(S,\ I) \\[3mm] \dfrac{dI}{dt} = \dfrac{\beta SI}{\varphi(I)} - (d+\alpha+\gamma)I \triangleq Q(S,\ I) \end{cases} \tag{3.4.1}$$

$$\begin{cases} \dfrac{dS}{dt} = K - dS - \dfrac{\beta SI}{\varphi(I)} + \varepsilon R \triangleq P(S,\ I,\ R) \\[3mm] \dfrac{dI}{dt} = \dfrac{\beta SI}{\varphi(I)} - (d+\alpha+\gamma)I \triangleq Q(S,\ I,\ R) \\[3mm] \dfrac{dR}{dt} = \gamma I - (d+\varepsilon)R \triangleq W(S,\ I,\ R) \end{cases} \tag{3.4.2}$$

其中 K 表示对种群的常数输入率,d 表示种群的自然死亡率,α 表示染病者的因病死亡率,γ 表示染病者的恢复率,ε 表示恢复者的免疫失去率. 非线性传染率中 $\varphi(I)$ 满足：$\varphi(0)=1$，$\varphi'(I)>0$. 这意味着 $\varphi(I)\geqslant 1$ 对于 $I\geqslant 0$.

3.4.2 SIS 模型的分析

由于 $I=0$ 是系统(3.4.1)的解，所以当 $I(0)=0$ 时，$I(t)\equiv 0$；当 $I(0)>0$ 时，$I(t)>0$. 又

$\dfrac{dS}{dt}\Big|_{S=0}=K+\gamma I>0$，同时，由系统(3.4.1)有

$$\frac{d(S+I)}{dt}=K-d(S+I)-\alpha I\leqslant K-d(S+I)$$

所以 $\varlimsup\limits_{t\to\infty}[S(t)+I(t)]\leqslant\dfrac{K}{d}$. 因此，易知集合 $D=\{(S+I)：S>0,$ $I\geqslant 0,S+I\leqslant\dfrac{K}{d}\}$ 为系统(3.4.1)的正不变集. 故以下仅在集 D 内讨论.

定理 1 记 $R_0=\dfrac{K\beta}{d(d+\alpha+\gamma)}$，当 $R_0\leqslant 1$ 时，系统(3.4.1)仅有无病平衡点 $P_0(S_0,I_0)=\left(\dfrac{K}{d},0\right)$，当 $R_0>1$ 时，除无病平衡点 P_0 外系统(3.4.1)还有惟一的地方病平衡点 $P_1(S_1,I_1)$. 其中 $S_1=\dfrac{K-(\alpha+d)I_1}{d}$，$I_1$ 为方程

$$\frac{1}{R_0}\varphi(I)+\frac{\alpha+d}{K}I=1$$

在 $\left(0,\dfrac{K}{d}\right)$ 内的惟一解.

证明 将 $P(S,I)=0$，$Q(S,I)=0$ 联立可得：

$$\begin{cases} I = 0 \\ S = \dfrac{K}{d} \end{cases} \quad 或 \quad \begin{cases} \dfrac{\beta SI}{\varphi(t)} - (d + \alpha + \gamma)I = 0 \quad \text{(i)} \\ K - dS - \dfrac{\beta SI}{\varphi(t)} + \gamma = 0 \quad \text{(ii)} \end{cases}$$

(i)+(ii)可得 $K - dS - (\alpha + d)I = 0$，所以 $S = \dfrac{K - (\alpha + d)I}{d}$.
将其代入(i)，当 $I \neq 0$ 时有

$$G(I) = \frac{1}{R_0}\varphi(I) + \frac{\alpha + d}{K}I - 1 = 0.$$

因为

$$G(0) = \frac{1}{R_0} - 1,$$

$$G\left(\frac{K}{d}\right) = \frac{1}{R_0}\varphi\left(\frac{K}{d}\right) + \frac{\alpha}{d} > 0, G'(I) = \frac{\varphi'(I)}{R_0} + \frac{\alpha + d}{K} > 0,$$

所以当 $R_0 > 1$ 时，方程 $G(I) = \dfrac{1}{R_0}\varphi(I) + \dfrac{\alpha + d}{K}I - 1 = 0$ 在 $\left(0, \dfrac{K}{d}\right)$ 内有惟一的解 I_1.

定理 2 对于系统(3.4.1)，当 $R_0 < 1$ 时无病平衡点 $P_0(S_0, I_0) = \left(\dfrac{K}{d}, 0\right)$ 是全局渐近稳定的，当 $R_0 > 1$ 时地方病平衡点 $P_1(S_1, I_1)$ 是全局渐近稳定的.

证明 直接计算可得系统(3.4.1)在无病平衡点 P_0 和地方病平衡点 P_1 处的 Jacobian 矩阵分别为：

$$J(P_0) = \begin{bmatrix} -d & \gamma - \dfrac{K\beta}{d} \\ 0 & (d + \alpha + \gamma)(R_0 - 1) \end{bmatrix}$$

和　　　$J(P_1) = \begin{pmatrix} -d - \dfrac{\beta I_1}{\varphi(I_1)} & \gamma - \dfrac{\beta S_1}{\varphi(I_1)} + \dfrac{\beta S_1 I_1 \varphi'(I_1)}{\varphi^2(I_1)} \\[4mm] \dfrac{\beta I_1}{\varphi(I_1)} & -\dfrac{\beta S_1 I_1 \varphi'(I_1)}{\varphi^2(I_1)} \end{pmatrix}$

由 $J(P_0)$ 易知,当 $R_0 < 1$ 时无病平衡点 P_0 是局部渐近稳定的,当 $R_0 > 1$ 时 P_0 是不稳定的. 显然 $trJ(P_1) < 0$,在由 S_1,I_1 满足的 (i)式可知:$\dfrac{\beta S_1}{\varphi(I_1)} - (d + \alpha + \gamma) = 0$. 将其代入 $J(P_1)$ 中可得

$\det(J(P_1))$

$= \begin{vmatrix} -d - \dfrac{(d+\alpha+\gamma)I_1}{S_1} & -(d+\alpha) + \dfrac{(d+\alpha+\gamma)I_1}{\varphi(I_1)}\varphi'(I_1) \\[4mm] \dfrac{(d+\alpha+\gamma)I_1}{S_1} & -\dfrac{(d+\alpha+\gamma)I_1}{\varphi(I_1)}\varphi'(I_1) \end{vmatrix}$

$= (d+\alpha+\gamma)I_1\left[\dfrac{d\varphi'(I_1)}{\varphi(I_1)} + \dfrac{d+\alpha}{S_1}\right] > 0$

所以 P_1 是局部渐近稳定的.

由系统(3.4.1)中的第 2 个方程有:

$$\frac{dI}{dt} = I\left(\frac{\beta S}{\varphi(I)} - (d+\alpha+\gamma)\right)$$

$$\leqslant I(\beta S - (d+\alpha+\gamma))$$

$$\leqslant I\left(\beta \cdot \frac{K}{d} - (d+\alpha+\gamma)\right)$$

$$= I(d+\alpha+\gamma)(R_0 - 1)$$

这里用到 $\varphi(I) \geqslant 1$ 和 $S \leqslant \dfrac{K}{d}$. 因此,当 $R_0 < 1$ 时 $\lim\limits_{t\to\infty} I(t) = 0$. 结合 P_0 的局部渐稳定性可知:当 $R_0 < 1$ 时无病平衡点 P_0 是全局渐近稳

定的.

取 Dulac 函数 $B(I) = \dfrac{\varphi(I)}{I}$，则对系统 (3.4.1) 有 $\dfrac{\partial(PB)}{\partial S} +$

$\dfrac{\partial(QB)}{\partial I} = -\left(d + \dfrac{\beta I}{\varphi(I)}\right)B - (d + \alpha + \gamma)\varphi'(I) < 0$,

所以系统 (3.4.1) 在 D 内不存在闭轨线. 结合 P_1 的局部渐近稳定性可知: 当 $R_0 > 1$ 时地方病平衡点 P_1 是全局渐近稳定的.

3.4.3 SIRS 模型的分析

类似模型 (3.4.1)，模型 (3.4.2) 有正不变集:

$$\Omega = \left\{(S, I, R): S > 0, I \geqslant 0, R \geqslant 0, S + I + R \leqslant \dfrac{K}{d}\right\}$$

对于系统 (3.4.2) 有:

定理 3 当 $R_0 \leqslant 1$ 时，系统 (3.4.2) 仅有无病平衡点 $P_0(S_0, I_0,$ $R_0) = \left(\dfrac{K}{d}, 0, 0\right)$，当 $R_0 > 1$ 时，系统 (3.4.2) 除无病平衡点外，还有惟一的地方病平衡点 $P_1(S_1, I_1, R_1)$. 其中 $S_1 = \dfrac{(d + \alpha + \gamma)}{\beta}\varphi(I_1)$,

$R_1 = \dfrac{\gamma}{d + \varepsilon}I_1$, I_1 是方程 $K - \dfrac{d(d + \alpha + \gamma)}{\beta}\varphi(I) - (d + \alpha + \gamma)I +$

$\dfrac{\varepsilon\gamma}{d + \varepsilon}I = 0$ 在 $\left(0, \dfrac{K}{d}\right)$ 内的惟一解.

证明 P_0 的存在性显然. 而当 $I \neq 0$ 时，由 $Q = 0, W = 0$ 可得

$S = \dfrac{(d + \alpha + \gamma)}{\beta}\varphi(I)$, $R = \dfrac{\gamma}{d + \varepsilon}I$. 将其代入 $P = 0$ 中可得:

$$F(I) \overset{\triangle}{=} K - \dfrac{d(d + \alpha + \gamma)}{\beta}\varphi(I) - (d + \alpha + \gamma)I + \dfrac{\gamma\varepsilon}{d + \varepsilon}I = 0$$

因为 $F(0) = K\left(1 - \dfrac{1}{R_0}\right)$

$$F\left(\frac{K}{d}\right)=-\frac{d(d+\alpha+\gamma)}{\beta}\varphi\left(\frac{K}{d}\right)-\frac{K}{d}\cdot\frac{\alpha d+\alpha\varepsilon+\gamma d}{d+\varepsilon}<0,$$

而 $F'(I)=-\dfrac{d(d+\alpha+\gamma)}{\beta}\varphi'(I)-\left(d+\alpha+\gamma-\dfrac{\gamma\varepsilon}{d+\varepsilon}\right)<0.$

所以当 $R_0>1$ 时，$F(I)=0$ 在 $\left(0,\dfrac{K}{d}\right)$ 内有惟一的解 I_1. 进一步可得 S_1,I_1，从而系统（3.4.2）在正不变集 Ω 上有惟一的正平衡点 $P_1(S_1,$ $I_1,R_1)$.

定理 4 对于系统（3.4.2），当 $R_0<1$ 时无病平衡点 $P_0(S_0,I_0,$ $R_0)=\left(\dfrac{K}{d},0,0\right)$ 是局部渐近稳定的；当 $R_0>1$ 时，P_0 是不稳定的，地方病平衡点 $P_1(S_1,I_1,R_1)$ 是局部渐近稳定的.

证明 通过计算可得：

$$P'_S=-d-\frac{\beta I}{\varphi(I)},\quad Q'_S=\frac{\beta I}{\varphi(I)},\quad W'_S=0$$

$$P'_I=-\frac{\beta S}{\varphi(I)}+\frac{\beta SI}{\varphi^2(I)}\cdot\varphi'(I),$$

$$Q'_I=-(d+\alpha+\gamma)+\frac{\beta S}{\varphi(I)}-\frac{\beta SI}{\varphi^2(I)}\varphi'(I)$$

$$W'_I=\gamma,\quad P'_R=\varepsilon,\quad Q'_R=0,\quad W'_R=-(d+\varepsilon)$$

所以

$$J(P_0)=\begin{pmatrix} -d & -\dfrac{\beta K}{d} & \varepsilon \\ 0 & -(d+\alpha+\gamma)+\dfrac{\beta K}{d} & 0 \\ 0 & \gamma & -(d+\varepsilon) \end{pmatrix}$$

$$
= \begin{bmatrix}
-d & -\dfrac{\beta K}{d} & \varepsilon \\
0 & (d+\alpha+\gamma)(R_0-1) & 0 \\
0 & \gamma & -(d+\varepsilon)
\end{bmatrix}
$$

由 $J(P_0)$ 可知,P_0 当 $R_0 < 1$ 是局部渐近稳定的,当 $R_0 > 1$ 时是不稳定的.

又

$$
J(P_1) = \begin{bmatrix}
-d-\dfrac{\beta I_1}{\varphi(I_1)} & -(d+\alpha+\gamma)\left(1-\dfrac{I_1\varphi'(I_1)}{\varphi(I_1)}\right) & \varepsilon \\
\dfrac{\beta I_1}{\varphi(I_1)} & -(d+\alpha+\gamma)\cdot\dfrac{I_1\varphi'(I_1)}{\varphi(I_1)} & 0 \\
0 & \gamma & -(d+\varepsilon)
\end{bmatrix}
$$

因此,$J(P_1)$ 的特征方程为:$\lambda^3 + \alpha_1\lambda^2 + \alpha_2\lambda + \alpha_3 = 0$. 其中

$$
\alpha_1 = 2d + \varepsilon + \frac{d+\alpha+\gamma}{\beta S_1}I_1[\beta + (d+\alpha+\gamma)\varphi'(I_1)]
$$

$$
\alpha_2 = \frac{d+\alpha+\gamma}{S_1}I_1 \cdot (2d+\alpha+\gamma+\varepsilon) + \\
\frac{(d+\alpha+\gamma)^2\varphi'(I_1)}{\beta S_1} \cdot (2d+\varepsilon) + d(d+\varepsilon)
$$

$$
\alpha_3 = \frac{d+\alpha+\gamma}{\beta S_1}I_1 \cdot [(d+\varepsilon)(d+\alpha+\gamma)(d\varphi'(I_1)+\beta) - \gamma\varepsilon\beta]
$$

显然有 $\alpha_1 > 0$,$\alpha_2 > 0$,$\alpha_3 > 0$. 而且易验证:$\alpha_1\alpha_2 - \alpha_3 > 0$. 所以,$P_1$ 是局部渐近稳定的.

定理 5 对于系统(3.4.2),当 $R_0 < 1$ 时无病平衡点 P_0 是全局渐近稳定的,当 $R_0 > 1$ 时地方病平衡点 P_1 是全局渐近稳定的.

证明 (1) 在不变集 Ω 内有 $S \leqslant \dfrac{K}{d}$,由系统(3.4.2)的第 2 个方程有

$$\frac{dI}{dt} = I\left[\frac{\beta S}{\varphi(I)} - (d+\alpha+\gamma)\right] \leqslant I(\beta S - (d+\alpha+\gamma))$$

$$\leqslant I\left(\beta \cdot \frac{K}{d} - (d+\alpha+\gamma)\right) = I(d+\alpha+\gamma)(R_0 - 1)$$

注意到 $\varphi(I) \geqslant 1$，$S \leqslant \dfrac{K}{d}$，因此，当 $R_0 < 1$ 时 $\lim\limits_{t\to\infty} I(t) = 0$. 结合 P_0 的局部渐近稳定性可知：当 $R_0 < 1$ 时无病平衡点 $P_0(S_0, I_0, R_0) = \left(\dfrac{K}{d}, 0, 0\right)$ 是全局渐近稳定的.

（2）为了便于讨论 P_1 的全局渐近稳定性，记 $N = S+I+R$，则系统（3.4.2）等价于系统

$$\begin{cases} \dfrac{dI}{dt} = I\left[\dfrac{\beta(N-I-R)}{\varphi(I)} - (d+\alpha+\gamma)\right] \\ \dfrac{dR}{dt} = \gamma I - (d+\varepsilon)R \\ \dfrac{dN}{dt} = K - dN - \alpha I \end{cases} \tag{3.4.3}$$

系统（3.4.2）的平衡点 P_1 对应系统（3.4.3）的平衡点 $\widetilde{P}_1(I_1, R_1, N_1)$，其中 $N_1 = I_1 + R_1 + S_1$.
因此系统（3.4.3）又等价于系统：

$$\begin{cases} \dfrac{dI}{dt} = \beta I\left[\dfrac{N-N_1}{\varphi(I_1)} - \dfrac{R-R_1}{\varphi(I_1)} - \right. \\ \qquad \left. \dfrac{(N-R-I)[\varphi(I)-\varphi(I_1)]+\varphi(I)(I-I_1)}{\varphi(I)\varphi(I_1)}\right] \\ \dfrac{dR}{dt} = \gamma(I-I_1) - (d-\varepsilon)(R-R_1) \\ \dfrac{dN}{dt} = -d(N-N_1) - \alpha(I-I_1) \end{cases}$$

$$\tag{3.4.4}$$

定义 Liapunov 函数：

$$V(I,\,R,\,N)=\frac{1}{\beta}\Big(I-I_1-I_1\ln\frac{I}{I_1}\Big)+\frac{(R-R_1)^2}{2\gamma\varphi(I_1)}+\frac{(N-N_1)^2}{2\alpha\varphi(I_1)}$$

则其沿着系统(3.4.4)的全导数为：

$$\frac{dV}{dt}\Big|_{(4)}=-(d+\varepsilon)\cdot\frac{(R-R_1)^2}{\gamma\varphi(I_1)}-d\cdot\frac{(N-N_1)^2}{\alpha\varphi(I_1)}-$$

$$\frac{(N-R-I)(I-I_1)[\varphi(I)-\varphi(I_1)]+\varphi(I)(I-I_1)^2}{\varphi(I)\varphi(I_1)}$$

因为 $\varphi'(I)>0$. 所以$(I-I_1)[\varphi(I)-\varphi(I_1)]>0$. 因此 $\frac{dV}{dt}\Big|_{(3.4.4)}<$

0. 所以系统(3.4.3)在 Ω 内的平衡点是全局渐近稳定的，即系统(2)的无病平衡点 P_1 是全局渐近稳定的.

第四章　两类带有一般传染率的传染病模型

对于具有潜伏期的传染病,所建立的模型往往维数较高,特别是将一般非线性传染率引入其中,研究难度大大增加,所获结果目前还不多.

另外,有些传染病,特别是病毒导致的传染病,染病者因其体内的病毒水平不同而呈现不同的传染力,因而导致其通过有效接触对染病者传染率也有所不同,所以研究染病者具有不同传染力的模型有重要的实际意义.目前,还少有人研究此类模型,所得到的结果也很少.若是具有不同传染力的染病者的传染率还是一般非线性的,研究难度更大,所得结果更为罕见.本章就是研究上述两类模型,所得结果很有实际价值.

4.1　带有非线性传染率的 SEIS 传染病模型

对于具有潜伏期的模型,由于往往难以降为平面系统,研究比较困难.但由于这些模型在很多情况下是竞争系统,因此,借助于轨道稳定和复合矩阵、排除空间周期解等方法,可能对某些模型得到完整的全局性结果.另外,从流行病学的意义上讲,研究疾病的持续性与研究疾病的最终行为有着同样重要的意义.关于流行病的持续性已有许多学者进行了研究[93,102,104].

在经典的流行病模型中通常使用双线性型和标准型的传染率[33,85],因而这些模型具有较简单的动力行为.近来,人们提出了几类不同的传染率.用 $S(t)$ 表示 t 时刻易感者的数量,$E(t)$ 表示 t 时刻潜伏者的数量.在研究了 1973 年在意大利东部港市巴里流行的霍乱之后,Capasso 和 Serio[35] 在传染病模型中引入了饱和型的传染率 $g(I)S$. 这一工作十分重要,因为染病者和易感者之间的有效接触可能会由于染病者的聚集或是由于易感者采取了保护措施而影响染病者的传染水平. 文[14,15]就引入了形如 $\beta I^p S^q$ 的传染率,文[62]就引入了形如 $\dfrac{\beta I^p S}{1+aI^q}$ 的传染率,文[24]讨论了形式更为一般的非线性传染率. 本章将更合理的、形如 $\dfrac{\beta SI}{\varphi(I)}$ 的传染率引入 SEIS 的传染病模型中,并借助 Fonda 的结论得到了传染病持续存在的条件.

4.1.1 基本假设与模型

在本节,将总种群(N)分为易感类(S)、染病类(I)和潜伏类(E),并做如下假设:

(1) 对种群的输入率为 A,种群的自然死亡率为 $\mu > 0$.

(2) $\varepsilon > 0$ 表示由潜伏到传染的转换率,显然 $\dfrac{1}{\varepsilon}$ 为平均潜伏期.

(3) $\gamma > 0$ 表示染病者的恢复率,即,$\dfrac{1}{\gamma}$ 为平均传染期.

(4) $\alpha > 0$ 表示因病死亡率.

(5) 疾病以一般的非线性传染率 $\dfrac{\beta SI}{\phi(I)}$ 的形式进行传播. 它推广了 $\dfrac{\beta I^p S}{1+aI^q}$,并且当 $\phi(I) \equiv 1$ 时该传染率即双线性传染率. 且假设函数 $\phi(I)$ 满足 $\phi(0) = 1$ 且 $\phi'(I) \geqslant 0$. 这意味着对于 $I \geqslant 0$ 有 $\phi(I) \geqslant 1$. $\dfrac{1}{\phi(I)}$ 表达了当染病者的数量增加时,易感者和染病者之间的接触会减少. 因此,此传染率的引入更具有合理性.

(6) 患病者治愈后不具有免疫力.

在上述假设下,疾病传播的框图可表示为:

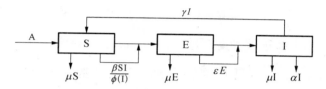

因此可建立本节要讨论的 SEIS 传染病模型为：

$$\begin{cases} \dfrac{dS}{dt} = A - \mu S - \dfrac{\beta SI}{\phi(I)} + \gamma I, \\[2mm] \dfrac{dE}{dt} = \dfrac{\beta SI}{\phi(I)} - (\mu + \varepsilon)E, \\[2mm] \dfrac{dI}{dt} = \varepsilon E - (\mu + \alpha + \gamma)I, \end{cases} \qquad (4.1.1)$$

本节安排如下：第一部分讨论平衡点的存在性和稳定性，第二部分证明当地方病平衡点存在时系统（4.1.1）是一致持续的，第三部分对所得结果进行总结和讨论．

4.1.2 平衡点的存在性和稳定性

为了便于表述，记 $n = \mu + \varepsilon$，$m = \mu + \alpha + \gamma$，则系统（4.1.1）变为

$$\begin{cases} \dfrac{dS}{dt} = A - \mu S - \dfrac{\beta SI}{\phi(I)} + \gamma I, \\[2mm] \dfrac{dE}{dt} = \dfrac{\beta SI}{\phi(I)} - nE, \\[2mm] \dfrac{dI}{dt} = \varepsilon E - mI, \end{cases} \qquad (4.1.2)$$

将系统（4.1.2）的三个方程相加可得：$\dfrac{d}{dt}(S + E + I) = A - \mu(S + E + I) - \alpha I$.

因此，从模型的实际意义考虑，仅在集合 $\Omega = \{(S, E, I) \in R_+^3 : 0 \leqslant$

$\left. S+E+I \leqslant \dfrac{A}{\mu} \right\}$ 内考虑系统(4.1.2). 这里 R_+^3 表示 R^3 中包括三个坐标面的第一卦限部分. 易知集 Ω 是系统(4.1.2)的正不变集.

记 $R_0 = \dfrac{\beta \varepsilon A}{\mu m n}$，则 R_0 即为系统(4.1.2)的基本再生数，它是一个染病者在他有效传染期内被混入易感者人群中所能产生的第二代染病病历数.

显然，系统(4.1.2)总有无病平衡点(平凡平衡点)$P_0\left(\dfrac{A}{\mu}, 0, 0\right)$. 对于无病平衡点 P_0 有：

定理 1 系统(4.1.2)无病平衡点 P_0 当 $R_0 < 1$ 时在 Ω 上是全局渐近稳定的；当 $R_0 > 1$ 时是不稳定的.

为了证明无病平衡点 P_0 的全局渐近稳定性，引入下面的引理：

引理 1[93] 对于一个在 $[0, \infty)$ 上有界的实值函数 f, 定义

$$f_\infty = \liminf_{t \to \infty} f(t), \quad f^\infty = \limsup_{t \to \infty} f(t)$$

设 $f: [0, \infty) \to R$ 是有界的且二次可导，并且有界的二阶导数. 设当 $k \to \infty$ 时 $t_k \to \infty$ 且 $f(t_k)$ 收敛于 f^∞ 或者 f_∞，则 $\lim_{k \to \infty} f'(t_k) = 0$.

定理 1 的证明 系统(4.1.2)在无病平衡点 P_0 处的 Jacobian 矩阵为

$$J(P_0) = \begin{pmatrix} -\mu & 0 & \gamma - \beta \cdot \dfrac{A}{\mu} \\ 0 & -n & \beta \cdot \dfrac{A}{\mu} \\ 0 & \varepsilon & -m \end{pmatrix}.$$

显然，$\lambda = -\mu$ 是 $J(P_0)$ 的一个特征根. $J(P_0)$ 的其他特征根由方程 $(\lambda + n)(\lambda + m) - \beta \cdot \dfrac{A}{\mu} = 0$ 确定. 易知当且仅当 $mn - \beta \dfrac{A}{\mu} > 0$，即

$R_0 < 1$ 时,此方程的所有根均具有负实部,所以无病平衡点 P_0 当 $R_0 < 1$ 时是局部渐近稳定的,当 $R_0 > 1$ 时是不稳定的.

根据引理 1,选择序列 $t_k \to \infty(k \to \infty)$ 使得 $E(t_k) \to E^\infty$, $\dfrac{d}{dt_k}E(t_k) \to 0$,和序列 $\tau_k \to \infty(k \to \infty)$ 使得 $I(\tau_k) \to I^\infty$,$\dfrac{d}{d\tau_k}I(\tau_k) \to 0$.

从系统(4.1.2)的第二个方程有

$$E^\infty = \frac{\beta}{n} \lim_{k \to \infty} \frac{S(t_k)I(t_k)}{\phi[I(t_k)]} \leqslant \frac{\beta}{n} \frac{A}{\mu} I^\infty, \qquad (4.1.3)$$

其中用到 $\phi(I) \geqslant 1$ 和 $S \leqslant \dfrac{A}{\mu}$.

从系统(4.1.2)的第三个方程有

$$I^\infty = \frac{\varepsilon}{m} \lim_{k \to \infty} E(\tau_k) \leqslant \frac{\varepsilon}{m} E^\infty \qquad (4.1.4)$$

由不等式(4.1.3)和(4.1.4)有

$$E^\infty \leqslant \frac{\beta \varepsilon A}{\mu m n} E^\infty = R_0 E^\infty, \quad I^\infty \leqslant \frac{\beta \varepsilon A}{\mu m n} I^\infty = R_0 I^\infty.$$

这意味着当 $R_0 < 1$ 时 $E^\infty \leqslant 0$ 和 $I^\infty \leqslant 0$. 然而,已知 $E_\infty \geqslant 0$ 和 $I_\infty \geqslant 0$,所以有 $E^\infty = E_\infty = 0$ 和 $I^\infty = I_\infty = 0$,即 $\lim\limits_{t \to \infty} E(t) = 0$,$\lim\limits_{t \to \infty} I(t) = 0$. 进一步,$\lim\limits_{t \to \infty} S(t) = \dfrac{A}{\mu}$.

根据 P_0 的局部稳定性知:当 $R_0 < 1$ 时,无病平衡点 P_0 是全局渐近稳定的.

定理 2 当 $R_0 > 1$ 时,系统(4.1.2)在 Ω 内有惟一的地方病平衡点(正平衡点)$P^*(S^*, E^*, I^*)$,它是局部渐近稳定性的. 其中 $S^* = \dfrac{mn}{\beta \varepsilon} \phi(I^*)$,$E^* = \dfrac{m}{\varepsilon} I^*$,且 I^* 是方程 $\left(\dfrac{mn}{\varepsilon} - \gamma\right)I + \dfrac{\mu m n}{\beta \varepsilon} \phi(I) = A$ 在区间 $\left(0, \dfrac{A}{\mu}\right)$ 内的惟一根.

证明 系统(4.1.2)的地方病平衡点 $P^*(S^*, E^*, I^*)$ 的坐标是方程组

$$\begin{cases} A - \mu S - \dfrac{\beta S I}{\phi(I)} + \gamma I = 0 \\ \dfrac{\beta S I}{\phi(I)} - nE = 0 \\ \varepsilon E - mE = 0 \end{cases} \tag{4.1.5}$$

在集 Ω 内的正解.

由方程组(4.1.5)的第三个方程有 $E = \dfrac{m}{\varepsilon}I$，由于这里不考虑 $I=0$，所以将 $E = \dfrac{m}{\varepsilon}I$ 代入(4.1.5)的第二个方程可得 $S = \dfrac{mn}{\beta\varepsilon}\phi(I)$. 再将上述两方程代入(4.1.5)的第一个方程有

$$F(I) \triangleq \left(\dfrac{mn}{\varepsilon} - \gamma\right)I + \dfrac{\mu m n}{\beta\varepsilon}\phi(I) - A = 0. \tag{4.1.6}$$

注意到

$$\dfrac{mn}{\varepsilon} - \gamma = \dfrac{(\mu+\alpha+\gamma)(\mu+\varepsilon)}{\varepsilon} = \dfrac{\mu(\mu+\alpha+\gamma)}{\varepsilon} + (\mu+\alpha) > 0,$$ 由

于 $\phi'(I) \geqslant 0$，所以 $F(I)$ 是增函数. 显然 $F\left(\dfrac{A}{\mu}\right) > 0$，又 $F(0) = \dfrac{\mu m n}{\beta\varepsilon} - A$（这里用到 $\phi(0)=1$），因此，当且仅当 $F(0) < 0$，即 $R_0 > 1$ 时，方程(4.1.6)在区间 $\left(0, \dfrac{A}{\mu}\right)$ 内有惟一的根 I^*. 将 $I=I^*$ 代入 $E = \dfrac{m}{\varepsilon}I$ 和 $S = \dfrac{mn}{\beta\varepsilon}\phi(I^*)$ 即得 E^* 和 S^*.

由 $F\left(\dfrac{A}{\mu+\alpha}\right) > 0$ 知，$I^* < \dfrac{A}{\mu+\alpha}$，因此 $0 < S^* + E^* = \dfrac{A-(\mu+\alpha)I^*}{\mu} < \dfrac{A}{\mu}$. 所以点 $P^*(S^*, E^*, I^*)$ 位于集 Ω 的内部.

地方病平衡点 P^* 的存在性得到证明.

系统(4.1.2)在地方病平衡点 P^* 处的 Jacobian 矩阵为

$$J(P^*) = \begin{bmatrix} -\mu - \dfrac{\beta I^*}{\phi(I^*)} & 0 & \gamma - \beta S^* \dfrac{\phi(I^*) - I^* \phi(I^*)}{\phi^2(I^*)} \\[3mm] \dfrac{\beta I^*}{\phi(I^*)} & -n & \beta S^* \dfrac{\phi(I^*) - I^* \phi(I^*)}{\phi^2(I^*)} \\[3mm] 0 & \varepsilon & -m \end{bmatrix}$$

运用等式 $\dfrac{\beta I^* S^*}{\phi(I^*)} = nE^*$, $\dfrac{\beta S^*}{\phi(I^*)} = \dfrac{mn}{\varepsilon}$ 和 $E^* = \dfrac{m}{\varepsilon} I^*$ 可得:

$$J(P^*) = \begin{bmatrix} -\mu - \dfrac{nE^*}{S^*} & 0 & \gamma - \dfrac{mn}{\varepsilon}\Big[1 - \dfrac{I^* \phi(I^*)}{\phi(I^*)}\Big] \\[3mm] \dfrac{nE^*}{S^*} & -n & \cdot \dfrac{mn}{\varepsilon}\Big[1 - \dfrac{I^* \phi(I^*)}{\phi(I^*)}\Big] \\[3mm] 0 & \varepsilon & -m \end{bmatrix}$$

$J(P^*)$ 的特征方程为 $\lambda^3 + a_1\lambda^2 + a_2\lambda + a_3 = 0$, 其中

$$a_1 = \mu + m + n + \frac{nE^*}{S^*} > 0,$$

$$a_2 = mn \frac{I^* \phi(I^*)}{\phi(I^*)} + (m+n)\Big(\mu + \frac{nE^*}{S^*}\Big) > 0,$$

$$a_3 = \frac{nE^*}{S^*}(mn - \varepsilon\gamma) + mn\mu \frac{I^* \phi(I^*)}{\phi(I^*)}.$$

进一步,

$$a_1 a_2 - a_3 = \Big(m + n + \frac{nE^*}{S^*}\Big)\Big[mn \frac{I^* \phi(I^*)}{\phi(I^*)} + (m+n)\mu\Big] + (m+n)\mu^2 +$$

$$\frac{nE^*}{S^*}\Big[\Big(\mu + m + n + \frac{nE^*}{S^*}\Big)(m+n) - mn + \varepsilon\gamma\Big]$$

注意到 $m=\mu+\alpha+\gamma$ 和 $n=\mu+\varepsilon$,所以有 $a_3>0$ 和 $a_1a_2-a_3>0$. 因此,由 Routh-Hurwitz 定理知,地方病平衡点 P^* 是局部渐近稳定的,这就证明了定理 2.

4.1.3 传染病的持续存在性

为了引进引理的简要,首先来回顾一些定义. 设是一个具有度量 d 的局部紧度量空间,F 是空间 X 的一个闭子集. ∂F 和 $\operatorname{int} F$ 分别表示集 F 的边界和内部. 设 π 是定义在集 F 上的一个半动力系统.

称 π 是持续的,如果对于所有的 $u\in\operatorname{int} F$ 都有 $\liminf\limits_{t\to\infty}d(\pi(u,t),\partial F)>0$. 称 π 是一致持续的,如果存在 $\xi>0$ 使得对所有的 $u\in\operatorname{int} F$ 都有 $\liminf\limits_{t\to\infty}d(\pi(u,t),\partial F)>\xi$.

在[121]中,Fonda 根据斥子给出了一个关于持续的结果. 一个 F 的子集 Σ 被称为一致斥子,如果存在 $\eta>0$,使得对于每一个 $u\in F\backslash\Sigma$ 都有 $\liminf\limits_{t\to\infty}d(\pi(u,t),\Sigma)>\eta$. 一个在局部紧度量空间的一个闭子集 F 上定义的半流是一致持续的,如果 F 的边界是排斥的. Fonda 的结论即下面的引理:

引理 2[121] 设 Σ 是 X 的一个紧子集,使得 $X\backslash\Sigma$ 是一个正不变集. Σ 是一致斥子的充要必要条件是存在 Σ 的一个领域 U 和一个连续函数 $P:X\to R_+$ 满足

(1) 当且仅当 $u\in\Sigma$ 时 $P(u)=0$.

(2) 对所有的 $u\in U\backslash\Sigma$ 都有 $T_u>0$ 使得 $P(\pi(u,T_u))>P(u)$.

对任意的 $u_0=(S_0,E_0,I_0)\in\Omega$,系统(4.1.2)都存在定义在 R_+ 上且满足 $\pi(u_0,0)=(S_0,E_0,I_0)$ 的惟一解 $\pi(u_0,0)=(S_0,E_0,I_0)(t;u_0)$. 由于 Ω 是系统(4.1.2)的一个正不变集,所以对于 $t\in\mathbf{R}_+$ 有 $\pi(u_0,t)\in\Omega$ 且是在 Ω 内的半动力系统.

下面证明 $\Sigma=\{(S,E,I)\in\Sigma:I=0\}$ 是系统(4.1.2)的一个一致斥子,这意味着半动力系统 π 是一致持续的.

定理 3 如果 $R_0>1$,则集 Σ 是系统(4.1.2)的一个一致斥子,

因此 π 在 Ω 内是一致持续的.

证明 易知,当 $I(0) > 0$ 时,对于 $t > 0$ 有 $I(t) > 0$,所以 $\Omega \backslash \Sigma$ 是正不变的. 又集 Σ 是 Ω 的一个紧子集.定义 $P: \Omega \to R_+$ 为 $P(S, E, I) = I$,并且记

$$U = \{(S, E, I) \in \Omega: P(S, E, I) < \rho\},$$

其中 $\rho > 0$ 足够小以使得 $\dfrac{R_0 \mu}{\phi(\rho)(\mu + 2\beta\rho)} > 1$,因为 $R_0 > 1$ 和 $\phi(0) = 1$.

假设存在 $\bar{u} \in U(\bar{u} = (\bar{S}, \bar{E}, \bar{I},))$ 使得对每一个 $t > 0$ 都有

$$P(\pi(\bar{u}, t)) < P(\bar{u}) < \rho,$$

即当 $t > 0$ 时,$I(t; \bar{u}) < \rho$. 由系统(4.1.2)的第一个方程有

$$\frac{dS}{dt} \geqslant A - \mu S - \beta\rho S,$$

因此
$$\liminf_{t \to \infty} S(t; \bar{u}) \geqslant \frac{A}{\mu + \beta\rho},$$

所以存在充分大的 $T > 0$ 使得当 $t \geqslant T$ 时,$S(t; \bar{u}) > \dfrac{A}{\mu + 2\beta\rho}$.

定义辅助函数 $V(t) = I(t) + \dfrac{\tau(1 - \rho^*)}{n} E(t)$,其中常数 ρ^* $(0 < \rho^* < 1)$ 足够小以使得 $\dfrac{R_0 \mu(1 - \rho^*)}{\phi(\rho)(\mu + 2\beta\rho)} > 1$. 直接计算可得 $V(t)$ 沿着 $\pi(\bar{u}, t)$ 的导数为:

$$\frac{dV(t)}{dt} = \left[\frac{\beta\varepsilon(1 - \rho^*)S(t)}{n\phi(I(t))} - m\right]I + \varepsilon\rho^* E,$$

因此对于 $t \geqslant T$ 有

$$\frac{dV(t)}{dt} \geqslant \left[\frac{\beta\varepsilon A(1 - \rho^*)}{n\phi(\rho)(\mu + 2\beta\rho)} - m\right]I + \varepsilon\rho^* E$$

$$= m\left[\frac{R_0\mu(1-\rho^*)}{\phi(\rho)(\mu+2\beta\rho)}-1\right]I+\varepsilon\rho^*E$$

其中用到 $\phi(I)\leqslant\phi(\rho)$，这里因为 $I<\rho$ 和 $\phi'(I)\geqslant0$.

定义常数

$$\delta=\min\left\{m\left[\frac{R_0\mu(1-\rho^*)}{\phi(\rho)(\mu+2\beta\rho)}-1\right],\frac{n\rho^*}{1-\rho^*}\right\}>0,$$

则有

$$\frac{dV(t)}{dt}\geqslant\delta V(t).$$

此不等式表明当 $t\to\infty$ 时有 $V(t)\to\infty$. 然而，$V(t)$ 在集 Ω 上是有界的. 因此上述假设不成立.

到此为止，已证明对每一个 $u\in\Omega\backslash\Sigma$，且 u 属于 Σ 的某个适当的领域时，都存在一个 T_u 使得 $P(\pi(u,\ T_u))>P(u)$. 因此，根据引理 2，定理 3 成立.

4.1.4　结论

本文对一类 SEIS 传染病模型的动力学进行了分析研究. 此模型既含有常数输入率，又含有指数自然死亡率和因病死亡率，因此模型所考虑的总种群数量随时间变化而改变. 同时，传染病是一种更符合实际的非线性型传染率.

对于系统(4.1.1)，找到了基本再生数

$$R_0=\frac{A}{\mu}\cdot\frac{\beta}{\mu+\alpha+\gamma}\cdot\frac{\varepsilon}{d+\varepsilon}$$

它完全决定了系统(4.1.1)在可行域 Ω 内的动力学行为. 如果 $R_0<1$，无病平衡点在 Ω 内全局渐近稳定，且疾病总会最终灭绝；如果 $R_0>1$，则存在惟一的地方病平衡点，它是局部渐近稳定的，并且当疾病初始存在时，疾病会在种群中持续存在.

4.2 染病者具有不同传染力的 SI_1I_2R 模型

许多疾病是由病毒传播的. 某些疾病的传染力取决于体内所含病毒的水平, 例如麻疹、乙肝、登革热、, 它们的传染力取决于寄生物传染[138,139]. [79,137]就提出了一类具有不同传染力的艾滋病模型.

双线性传染率 βSI 和标准传染率 $\frac{\lambda SI}{N}$ (这里 S, I, N 分别表示易感者, 感染者和总人口数量) 常常被用在传统的传染病模型中[33,85,102,104]. 而[71]提出的饱和传染率 $\frac{\beta SI}{H+S}$ (这里 H 是一个正的常数) 在后来的许多传染病模型中使用[56,78].

本节研究的是 SI_1I_2R 传染病模型, 即易感者成为感染者后具有不同的传染力, 病愈后会成为具有永久免疫力的退出者, 并且把形如 $\beta I\phi(S)$ 的传染率引入具有不同传染力的传染病模型中. 这种传染率是饱和传染率 $\frac{\beta SI}{H+S}$ 的更一般形式. 在第 1 部分, 建立了具有不同传染力且用一般饱和型传染率模拟的传染病动力系统; 第 2 部分, 讨论了模型无病平衡点的全局稳定性; 第 3 部分, 研究了地方病平衡点的存在性和局部稳定性, 在一种特殊情形下, 证明了地方病平衡点是全局稳定的. 第 4 部分是所获结论的汇总.

4.2.1 基本假设与模型建立

在建立模型之前, 先做如下假设:

1) 易感者被感染成为感染者后具有不同的传染力 I_1, I_2 两类, 并愈后会成为具有永久免疫力的退出者;

2) 外界对种群有常数输入, 且输入者均为易感者;

3) 种群的自然死亡率为 μ;

4) $\alpha_i > 0$ 表示因疾病而引起的 I_i 类感染者的死亡率;

5) $\gamma_i > 0$ 表示 I_i 类感染者的恢复率;

6) p_i 为易感者被感染后进入第 I_i 类感染者的概率,且 $p_1 + p_2 = 1$;

7) $\beta_i I_i \varphi_i(S)$ 为第 I_i 类感染者的传染率,且有

$$\varphi_i(0) = 0, \ \varphi_i'(S) > 0, \text{当 } S > 0 \text{ 时}.$$

令 $S(t)$, $I_1(t)$, $I_2(t)$ 分别是 t 时刻易感者、已感染者两类的数量;$R(t)$ 是 t 时刻退出者的数量,在上述假设下的传染病传播框图可表示为:

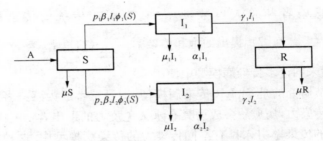

这样可建立传染病模型如下:

$$\frac{dS}{dt} = A - \mu S - [\beta_1 I_1 \varphi_1(S) + \beta_2 I_2 \varphi_2(S)]$$

$$\frac{dI_1}{dt} = p_1 [\beta_1 I_1 \varphi_1(S) + \beta_2 I_2 \varphi_2(S)] - (\mu + \alpha_1 + \gamma_1) I_1$$

$$\frac{dI_2}{dt} = p_2 [\beta_1 I_1 \varphi_1(S) + \beta_2 I_2 \varphi_2(S)] - (\mu + \alpha_2 + \gamma_2) I_2$$

$$\frac{dR}{dt} = \gamma_1 I_1 + \gamma_2 I_2 - \mu R \tag{4.2.1}$$

4.2.2 无病平衡点的全局渐进稳定性

由于 $R(t)$ 并未在 (4.2.1) 的前 3 个方程中出现,所以我们只考虑

下述系统：

$$\frac{dS}{dt} = A - \mu S - [\beta_1 I_1 \varphi_1(S) + \beta_2 I_2 \varphi_2(S)]$$

$$\frac{dI_1}{dt} = p_1[\beta_1 I_1 \varphi_1(S) + \beta_2 I_2 \varphi_2(S)] - d_1 I_1$$

$$\frac{dI_2}{dt} = p_2[\beta_1 I_1 \varphi_1(S) + \beta_2 I_2 \varphi_2(S)] - d_2 I_2 \qquad (4.2.2)$$

这里，$d_i = \mu + \alpha_i + \gamma_i (i = 1, 2)$. 将(4.2.2)的三个方程相加可得：

$$\frac{d(S + I_1 + I_2)}{dt} = A - \mu(S + I_1 + I_2) -$$

$$(\alpha_1 + \gamma_1)I_1 - (\alpha_2 + \gamma_2)I_2$$

因此，从生物意义出发，我们只在闭集 $\Omega = \left\{ (S, I_1, I_2) \in R_+^3 : S + I_1 + I_2 \leqslant \frac{A}{\mu} \right\}$ 上研究系统(4.2.2)，此处 R_+^3 表示 R^3 的非负部分以及它的二维非负平面. 易得知，集合 Ω 是系统(4.2.2)的正不变集.

令

$$R_0 = \frac{p_1 \beta_1 \phi_1\left(\frac{A}{\mu}\right)}{d_1} + \frac{p_2 \beta_2 \phi_2\left(\frac{A}{\mu}\right)}{d_2}$$

R_0 被称作基本再生数，它是一个感染者在其有效感染期内被引入易感者中后所造成的第二代感染者的数量.

显然系统(4.2.2)总有无病平衡点 $P_0\left(\frac{A}{\mu}, 0, 0\right)$，对于 P_0 我们有：

定理 3.1 对于(4.2.2)，当 $R_0 \leqslant 1$ 时无病平衡点 P_0 是全局渐近稳定的；当 $R_0 > 1$ 时 P_0 是不稳定的.

证明　系统(4.2.2)在 $P_0\left(\dfrac{A}{\mu},\,0,\,0\right)$ 处的雅可比行列式为

$$J(P_0)=\begin{bmatrix}-\mu & -\beta_1\phi_1\left(\dfrac{A}{\mu}\right) & -\beta_2\phi_2\left(\dfrac{A}{\mu}\right)\\[2mm] 0 & p_1\beta_1\phi_1\left(\dfrac{A}{\mu}\right)-d_1 & p_1\beta_2\phi_2\left(\dfrac{A}{\mu}\right)\\[2mm] 0 & p_2\beta_1\phi_1\left(\dfrac{A}{\mu}\right) & p_2\beta_2\phi_2\left(\dfrac{A}{\mu}\right)-d_2\end{bmatrix}$$

显然，$\lambda=-\mu$ 是 $J(P_0)$ 的一个特征根，$J(P_0)$ 的其余特征根由下列方程决定

$$\left[\lambda+d_1-p_1\beta_1\phi_1\left(\dfrac{A}{\mu}\right)\right]\left[\lambda+d_2-p_2\beta_2\phi_2\left(\dfrac{A}{\mu}\right)\right]-$$

$$p_1p_2\beta_1\beta_2\phi_1\left(\dfrac{A}{\mu}\right)\phi_2\left(\dfrac{A}{\mu}\right)=0$$

即

$$\lambda^2+\left[d_1+d_2-p_1\beta_1\phi_1\left(\dfrac{A}{\mu}\right)-p_2\beta_2\phi_2\left(\dfrac{A}{\mu}\right)\right]\lambda+d_1d_2(1-R_0)=0$$

由于 $R_0<1$ 意味着

$d_1>p_1\beta_1\phi_1\left(\dfrac{A}{\mu}\right)$ 和 $d_2>p_2\beta_2\phi_2\left(\dfrac{A}{\mu}\right)$，因此，当 $R_0<1$ 时，上述方程的所有根均有负实部. 当 $R_0>1$ 时，上述方程的所有根中有一个具有正实部. 因此，当 $R_0<1$ 时无病平衡点 P_0 是局部渐近稳定的；当 $R_0>1$ 时 P_0 是不稳定的.

令 Liapunov 函数为：

$$V(S,\,I_1,\,I_2)=m_1I_1+m_2I_2$$

这里

$$m_1 = \frac{\beta_1}{d_1}\left[(1-R_0) + \left(\frac{p_1\beta_1}{d_1} + \frac{p_2\beta_2}{d_2}\right)\phi_1\left(\frac{A}{\mu}\right)\right]$$

$$m_2 = \frac{\beta_2}{d_2}\left[(1-R_0) + \left(\frac{p_1\beta_1}{d_1} + \frac{p_2\beta_2}{d_2}\right)\phi_2\left(\frac{A}{\mu}\right)\right]$$

则函数 V 沿着系统(4.2.2)的对时间的导数为：

$$\frac{dV}{dt}\bigg|_{(4.2.2)} = I_1\left[(m_1 p_1 + m_2 p_2)\beta_1\phi_1(S) - m_1 d_1\right] +$$

$$I_2\left[(m_1 p_1 + m_2 p_2)\beta_2\phi_2(S) - m_2 d_2\right]$$

$$= \beta_1 I_1\left\{\left(\frac{p_1\beta_1}{d_1} + \frac{p_2\beta_2}{d_2}\right)\left[\phi_1(S) - \phi_1\left(\frac{A}{\mu}\right)\right] + (R_0 - 1)\right\} +$$

$$\beta_2 I_2\left\{\left(\frac{p_1\beta_1}{d_1} + \frac{p_2\beta_2}{d_2}\right)\left[\phi_2(S) - \phi_2\left(\frac{A}{\mu}\right)\right] + (R_0 - 1)\right\}$$

$$\leqslant (R_0 - 1)(\beta_1 I_1 + \beta_2 I_2),$$

这里用到 $R_0 = \dfrac{p_1\beta_1\varphi_1\left(\dfrac{A}{\mu}\right)}{d_1} + \dfrac{p_2\beta_2\varphi_2\left(\dfrac{A}{\mu}\right)}{d_2}$，所以 $m_1 p_1 + m_2 p_2 = \dfrac{\beta_1 p_1}{d_1} + \dfrac{\beta_2 p_2}{d_2}$ 以及 $\phi_i'(S) > 0$，$S \leqslant \dfrac{A}{\mu}$，所以 $\phi_i(S) \leqslant \phi_i\left(\dfrac{A}{\mu}\right)$.

因此，当 $R_0 \leqslant 1$ 时就有 $\dfrac{dV}{dt}\bigg|_{(3.5.2)} \leqslant 0$.

当 $R_0 < 1$ 时，显然有集合

$$\overline{\Omega} = \left\{(S, I_1, I_2) \in \Omega : \frac{dV}{dt}\bigg|_{(3.1)} = 0\right\}$$

与集合 $\{(S, I_1, I_2) \in \Omega : I_1 = I_2 = 0\}$ 相同. 因而易知在集合 $\overline{\Omega}$

上,有 $\lim\limits_{t\to\infty} S(t) = \dfrac{A}{\mu}$,进而有

$$\dfrac{dV}{dt}\bigg|_{(3.5.2)} \leqslant (R_0 - 1)(\beta_1 I_1 + \beta_2 I_2) \leqslant (R_0 - 1)kV$$

这里 $k = \max\left\{\dfrac{\beta_1}{m_1}, \dfrac{\beta_2}{m_2}\right\}$. 所以

$\lim\limits_{t\to\infty} V(t) = 0$,即 $\lim\limits_{t\to\infty} I_1(t) = \lim\limits_{t\to\infty} I_2 = 0$. 因此,当 $R_0 < 1$ 时,无病平衡点 P_0 在集合 Ω 上是全局渐近稳定的.

当 $R_0 = 1$ 时,集合 Ω 上为下列 4 个集合之一:

$$\overline{\Omega}_1 = \{(S, I_1, I_2) \in \Omega : I_1 = I_2 = 0\},$$

$$\overline{\Omega}_2 = \left\{(S, I_1, I_2) \in \Omega : I_1 = 0, S = \dfrac{A}{\mu}\right\}$$

$$\overline{\Omega}_3 = \left\{(S, I_1, I_2) \in \Omega : I_2 = 0, S = \dfrac{A}{\mu}\right\},$$

$$\overline{\Omega}_4 = \left\{(S, I_1, I_2) \in \Omega : S = \dfrac{A}{\mu}\right\}$$

注意到 $\bigcup\limits_{i=1}^{4} \overline{\Omega}_i = \overline{\Omega}_1 \bigcup \overline{\Omega}_4$,因此易知系统(4.2.2)在 $\overline{\Omega}$ 上的最大紧不变集为单元素集 $\{P_0\}$. 据 LaSalle 不变定理可知:当 $R_0 = 1$ 时,无病平衡点 P_0 在集合 Ω 上是全局渐近稳定的.

4.2.3　地方病平衡点的存在性及局部渐近稳定性

系统(4.2.2)的地方病平衡点(正平衡点)$P^*(S^*, I_1^*, I_2^*)$ 是方程组

$$\begin{cases} A - \mu S - [\beta_1 I_1 \phi_1(S) + \beta_2 I_2 \phi_2(S)] = 0, \\ p_1 [\beta_1 I_1 \phi_1(S) + \beta_2 I_2 \phi_2(S)] - d_1 I_1 = 0, \\ p_2 [\beta_1 I_1 \phi_1(S) + \beta_2 I_2 \phi_2(S)] - d_2 I_2 = 0 \end{cases} \quad (4.2.3)$$

在集合 Ω 内的解.

由(4.2.3)的最后 2 个方程我们有：

$$\frac{I_1}{I_2} = \frac{p_1 d_2}{p_2 d_1}$$

将 $I_1 = \frac{p_1 d_2}{p_2 d_1} I_2$ 代入(4.2.3)的最后 1 个方程可得

$$F(S) := \frac{p_1 \beta_1}{d_1} \phi_1(S) + \frac{p_2 \beta_2}{d_2} \phi_2(S) - 1 = 0 \qquad (4.2.4)$$

这里不考虑根 $I_2 = 0$. 由于 $\phi_i'(S) > 0$，函数 $F(S)$ 单调增加. 注意到 $F(0) = -1 < 0$ 且 $F\left(\frac{A}{\mu}\right) = R_0 - 1$，因此当且仅当 $R_0 > 1$ 时，方程 $F(S) = 0$ 有惟一的根 $S^* \in \left(0, \frac{A}{\mu}\right)$. 进而由(4.2.3)我们有：

$$I_1^* = \frac{p_1}{d_1}(A - \mu S^*), \quad I_2^* = \frac{p_2}{d_2}(A - \mu S^*)$$

因而，关于地方病平衡点(正平衡点)$P^*(S^*, I_1^*, I_2^*)$，我们有

定理 4.1 若 $R_0 > 1$，系统(4.2.2)在 Ω 内有惟一的地方病平衡点，且它还是局部渐近稳定的.

证明 地方病平衡点的存在性可由前面的叙述得到.

系统(4.2.2)在 P^* 的雅可比行列式为

$$J(P^*) = \begin{bmatrix} -\mu - m & -\beta_1 \phi_1(S^*) & -\beta_2 \phi_2(S^*) \\ p_1 m & p_1 \beta_1 \phi_1(S^*) - d_1 & p_1 \beta_2 \phi_2(S^*) \\ p_2 m & p_2 \beta_1 \phi_1(S^*) & p_2 \beta_2 \phi_2(S^*) - d_2 \end{bmatrix}$$

这里 $m = \beta_1 I_1^* \phi_1'(S^*) + \beta_2 I_2^* \phi_2'(S^*) > 0$. 由(4.2.4)可得

$$J(P^*) = \begin{bmatrix} -\mu - m & -\beta_1\phi_1(S^*) & -\beta_2\phi_2(S^*) \\ p_1 m & -\dfrac{d_1 p_2 \beta_2}{d_2}\phi_2(S^*) & p_1\beta_2\phi_2(S^*) \\ p_2 m & p_2\beta_1\phi_1(S^*) & -\dfrac{d_2 p_1\beta_1}{d_1}\phi_1(S^*) \end{bmatrix}$$

$J(P^*)$ 的特征方程是

$$\lambda^3 + a_1\lambda^2 + a_2\lambda + a_3 = 0$$

这里

$$a_1 = \mu + m + \frac{d_1 p_2 \beta_2}{d_2}\phi_2(S^*) + \frac{d_2 p_1 \beta_1}{d_1}\phi_1(S^*) > 0$$

$$a_2 = (\mu + m)\left[\frac{d_1 p_2 \beta_2}{d_2}\phi_2(S^*) + \frac{d_2 p_1 \beta_1}{d_1}\phi_1(S^*)\right] +$$

$$m[p_1\beta_1\phi_1(S^*) + p_2\beta_2\phi_2(S^*)] > 0$$

$$a_3 = p_1 m\left[\frac{d_2}{d_1}p_1\beta_1^2\phi_1^2(S^*) + p_2\beta_1\beta_2\phi_2(S^*)\right] +$$

$$p_2 m\left[\frac{d_1}{d_2}p_2\beta_2^2\phi_2^2(S^*) + p_1\beta_1\beta_2\phi_1(S^*)\phi_2(S^*)\right] > 0$$

运用(4.2.4)我们可得

$$a_2 = \mu\left[\frac{d_1 p_2 \beta_2}{d_2}\phi_2(S^*) + \frac{d_2 p_1 \beta_1}{d_1}\phi_1(S^*)\right] + m(d_1 + d_2) \text{ 和 } a_3 =$$

$md_1 d_2$，因此

$$a_1 a_2 - a_3 = \mu\left[\mu + \frac{d_1 p_2 \beta_2}{d_2}\phi_2(S^*) + \frac{d_2 p_1 \beta_1}{d_1}\phi_1(S^*)\right] +$$

$$\left[\frac{d_1 p_2 \beta_2}{d_2}\phi_2(S^*) + \frac{d_2 p_1 \beta_1}{d_1}\phi_1(S^*)\right] +$$

$$m^2(d_1+d_2)+m \cdot \frac{d_1^3 p_2 \beta_2 \phi_2(S^*)+d_2^3 p_1 \beta_1 \phi_1(S^*)}{d_1 d_2}>0$$

显然满足 Routh-Hurwitz 条件,因而可知地方病平衡点 P^* 是局部渐近稳定的.

下面我们在特殊条件 $\phi_1(S)=\phi_2(S)=\phi(S)$ 下,考虑(4.2.2)的地方病平衡点 P^* 全局渐近稳定性,此处 $\phi(S)$ 与 $\phi_i(S)(i=1,2)$ 满足相同假设.这样(4.2.2)就成为

$$\begin{cases} \dfrac{dS}{dt}=A-\mu S-\phi(S)(\beta_1 I_1+\beta_2 I_2) \\[2mm] \dfrac{dI_1}{dt}=p_1\phi(S)(\beta_1 I_1+\beta_2 I_2)-d_1 I_1 \\[2mm] \dfrac{dI_2}{dt}=p_2\phi(S)(\beta_1 I_1+\beta_2 I_2)-d_2 I_2 \end{cases} \quad (4.2.5)$$

由定理4.1我们可知若

$$\mu+m+\frac{d_1 p_2 \beta_2}{d_2}\phi_2(S^*)+\frac{d_2 p_1 \beta_1}{d_1}\phi_1(S^*)>0$$

由定理4.1可知,若 $R_0=\left(\dfrac{p_1\beta_1}{d_1}+\dfrac{p_2\beta_2}{d_2}\right)\phi\left(\dfrac{A}{\mu}\right)>1$,系统(4.2.5)在 Ω 内有惟一的地方病平衡点 $P^*(S^*,I_1^*,I_2^*)$.这里

$$S^*=\phi^{-1}\left(\frac{d_1 d_2}{p_1\beta_1 d_2+p_2\beta_2 d_1}\right),$$

$$I_1^*=\frac{p_1}{d_1}(A-\mu S^*),I_2^*=\frac{p_2}{d_2}(A-\mu S^*)$$

对于(4.2.5)的地方病平衡点 P^* 我们有:

定理 4.2 (4.2.5)的地方病平衡点 P^* 在 Ω 内是全局渐近稳定的.

证明　令 $V_1 = \int_{S^*}^{S} \dfrac{\phi(u) - \phi(S^*)}{\phi(u)} du$，则

$$\left.\frac{dV_1}{dt}\right|_{(4.2.5)} = \frac{\phi(S) - \phi(S^*)}{\phi(S)}[A - \mu S - \phi(S)(\beta_1 I_1 + \beta_2 I_2)]$$

$$= \frac{\phi(S) - \phi(S^*)}{\phi(S)}[\mu S^* + \phi(S^*)(\beta_1 I_1^* + \beta_2 I_2^*) -$$

$$\mu S - \phi(S)(\beta_1 I_1 + \beta_2 I_2)]$$

$$= \frac{\phi(S) - \phi(S^*)}{\phi(S)}[\mu(S^* - S) + (\beta_1 I_1^* +$$

$$\beta_2 I_2^*)(\phi(S^* - \phi(S))] + [\phi(S) -$$

$$\phi(S^*)][\beta_1(I_1^* - I_1) + \beta_2(I_2^* - I_2)]$$

令 $V_2 = I_1 - I_1^* - I_1^* \ln \dfrac{I_1}{I_1^*}$，那么

$$\left.\frac{dV_2}{dt}\right|_{(4.2.5)} = \frac{I_1 - I_1^*}{I_1}[I_1(p_1\beta_1\phi(S) - d_1) + p_1\beta_2 I_2\phi(S)]$$

$$= d_1(I_1 - I_1^*)\left[\frac{p_1\beta_1}{d_1}\phi(S) - 1\right] + \frac{I_1 + I_1^*}{I_1} \cdot p_1\beta_2 I_2\phi(S)\Big]$$

$$= d_1(I_1 - I_1^*)\left[\left(\frac{p_1\beta_1}{d_1} + \frac{p_2\beta_2}{d_2}\right)\phi(S) - 1\right] +$$

$$\beta_2\phi(S)(I_1 - I_1^*)\left(\frac{I_2}{I_1} \cdot p_1 - \frac{d_1\beta_2}{d_2}\right)$$

由于 $\phi(S^*) = \dfrac{d_1 d_2}{p_1\beta_1 d_2 + p_2\beta_2 d_1}, \dfrac{I_1^*}{I_2^*} = \dfrac{p_1 d_2}{p_2 d_1}$ 我们有

$$\left.\frac{dV_2}{dt}\right|_{(4.2.5)} = \frac{d_1}{\phi(S^*)}(I_1 - I_1^*)[(\phi(S) - \phi(S^*))] +$$

$$p_1\beta_2\phi(S)(I_1 - I_1^*)\left(\frac{I_2}{I_1} - \frac{I_2^*}{I_1^*}\right)$$

再定义 $V_3 = I_2 - I_2^* - I_2^* \ln \dfrac{I_2}{I_2^*}$，与前面推导类似可得

$$\left.\frac{dV_3}{dt}\right|_{(4.2.5)} = \frac{d_2}{\phi(S^*)}(I_2 - I_2^*)[(\phi(S) - \phi(S^*))] +$$

$$p_2\beta_1\phi(S)(I_2 - I_2^*)\left(\frac{I_1}{I_2} - \frac{I_1^*}{I_2^*}\right)$$

考虑李雅普诺夫函数：

$$V(S, I_1, I_2) = \int_{S^*}^{S} \frac{\phi(u) - \phi(S^*)}{\phi(u)}du + \frac{\beta_1\phi(S^*)}{d_1}$$

$$\left(I_1 - I_1^* - I_1^* \ln \frac{I_1}{I_1^*}\right) + \frac{\beta_2\phi(S^*)}{d_2}\left(I_2 - I_2^* - I_2^* \ln \frac{I_2}{I_2^*}\right)$$

那么，$V(S, I_1, I_2)$ 沿着 (4.2.5) 的解对时间的导数为

$$\left.\frac{dV}{dt}\right|_{(4.2.5)} = \frac{\phi(S) - \phi(S^*)}{\phi(S)}[\mu(S^* - S) + (\beta_1 I_1^* +$$

$$\beta_2 I_2^*)(\phi(S^*) - \phi(S))] +$$

$$\frac{p_1\beta_1\beta_2}{d_1}\phi(S^*)\phi(S)(I_1 - I_1^*)\left(\frac{I_2}{I_1} - \frac{I_2^*}{I_1^*}\right) +$$

$$\frac{p_2\beta_1\beta_2}{d_2}\phi(S^*)\phi(S)(I_2 - I_2^*)\left(\frac{I_1}{I_2} - \frac{I_1^*}{I_2^*}\right)$$

再注意到 $\dfrac{I_1^*}{I_2^*} = \dfrac{p_1 d_2}{p_2 d_1}$，我们可得

$$\left.\frac{dV}{dt}\right|_{(4.2.5)} = \frac{\phi(S) - \phi(S^*)}{\phi(S)}[\mu(S^* - S) + (\beta_1 I_1^* +$$

$$\beta_2 I_2^*)(\phi(S^* - \phi(S))] + \frac{p_2 \beta_1 \beta_2}{d_2} \phi(S^*)\phi(S)$$

$$\left[\frac{I_1^*}{I_2^*}(I_1 - I_1^*)\left(\frac{I_2}{I_1} - \frac{I_2}{I_1^*} \right) + (I_2 - I_2^*)\left(\frac{I_1}{I_2} - \frac{I_1^*}{I_2^*} \right) \right]$$

$$= \frac{\phi(S) - \phi(S^*)}{\phi(S)}[\mu(S^* - S) + (\beta_1 I_1^* +$$

$$\beta_2 I_2^*)(\phi(S^*) - \phi(S))] + \frac{p_2 \beta_1 \beta_2}{d_2} \cdot$$

$$\phi(S^*)\phi(S)I_1^* \left(\frac{I_1^*}{I_1} - \frac{I_2^*}{I_2} \right)\left(\frac{I_1}{I_1^*} - \frac{I_2}{I_2^*} \right)$$

由于对任意的 $a > 0, b > 0$, 有

$$(a - b)\left(\frac{1}{a} - \frac{1}{b} \right) = - \frac{(a - b)^2}{ab} \leqslant 0,$$

因而可知 $\dfrac{dV}{dt}\bigg|_{(4.2.5)} \leqslant 0$.

易知当且仅当 $S = S^*$ 或 $\dfrac{I_1}{I_2} = \dfrac{I_1^*}{I_2^*}$ 时 $\dfrac{dV}{dt}\bigg|_{(4.2.5)} = 0$, 且 $(4.2.5)$ 在

集合 $\left\{ (S, I_1, I_2) \in \Omega : \dfrac{dV}{dt}\bigg|_{(4.2.5)} = 0 \right\}$ 内的最大紧不变集是单元素

集 $\{P^*\}$. 因此由 LaSalle 不变定理可知地方病平衡点 P^* 在 Ω 内是全局渐近稳定的.

4.2.4 结 论

此部分提出并研究了具有常数出生率、指数死亡率以及与病有关的死亡率的 $\mathrm{SI}_1 \mathrm{I}_2 \mathrm{R}$ 传染病模型的动力学性质. 在此模型中, 根据传染者具有不同的传染力感染者被分成了 2 类, 且传染率是非线性的.

对模型（4.2.1），找到了基本再生数 $R_0 = \dfrac{p_1\beta_1\phi_1\left(\dfrac{A}{\mu}\right)}{d_1} + \dfrac{p_2\beta_2\phi_2\left(\dfrac{A}{\mu}\right)}{d_2}$，它的大小决定了系统（4.2.1）在紧域 Ω 内的动力性态. 如果 $R_0 \leqslant 1$ 无病平衡点 P^* 在 Ω 内是全局渐近稳定的，疾病终究会灭绝；如果 $R_0 > 1$ 则惟一的地方病平衡点一般是局部渐近稳定的，在 $\phi_1(S) = \phi_2(S)$ 的情况下，证明了地方病平衡点 P^* 在 Ω 内的全局渐近稳定性.

结　束　语

1.　主要工作

一般来讲,通过细菌传播的疾病,如脑病、淋病、肠道传染病等,患者康复后不具有免疫力,即这些染病者康复后又会成为易感者,有可能被再次感染,相应于此类传染病的模型就是一个 SIS 模型. 在第二章,建立并研究了 4 类 SIS 传染病模型.

对于具有既可垂直传播又可通过接触传播的传染病,目前国内外通常取染病者不生育,传染率取标准或双线性形式建立模型来进行研究. 实际上病毒携带者往往并非不能生育,疾病只是影响其生育力. 在第二章,首先建立了病毒携带者有一定生育能力,其生产的后代中有相当比例一出生就为病毒携带者,且接触传播具有非线性形式传染率的模. 且分别对外界对种群有常数迁入和无外界对种群无迁入两种情况进行了研究,得到了控制此类传染病的阈值 R_0. 目前国内外对具有标准传染率和双线性传染率的这类模型的研究结果被包含在本文所得的结果中. 其次在第二章还在模型中引进分布时滞,建立了通过某种媒介(如蚊子)来进行传染病传播的模型,并且得到了比别人更好的研究结果. 另外第二章还研究了发病与季节有关(如流行性感冒等)、种群的出生率、死亡率也与季节有关的传染病模型,将呈周期性变化的参数引入模型中,得到了模型的基本再生数和完整的分析结果. 由于目前国内外研究周期参数模型的文献较少,得到完整结果更为罕见,所以本文所得结果具有一定的先进性和重要意义.

利用常微分方程来描述传染病是传染病动力学中成果最为丰富的一类. 当人口总数是常数、或不考虑出生与死亡、或设出生率与死亡率相等时研究比较容易,所得结果也比较完整,因为这时模型一般可以降为平面系统. 如果出生率与死亡率不等;或考虑因病死亡率;

或有密度制约等其他种群动力学因素,这时模型往往不能降维,需要在三维空间讨论. 尽管对双线性传染率与标准传染率已有不少结果,但大多数结果是限于平衡位置的局部性结果,全局结果常常仅是对无病平衡点获得的,地方病平衡点(即正平衡点)全局稳定充要条件的结果很少,所得到的一些结果也大多是不考虑因病死亡率或附加了其他限制条件. 对于具有非线性传染率且又考虑因病死亡率或其他因素的传染病模型的研究结果更是极少. 本论文在第三章对常见的双线性型和标准型传染率进行推广,提出了 $\dfrac{\beta SI}{H+I}$、$\dfrac{\beta S}{S+I+cN}$、$\dfrac{\beta SI}{1+cI^3}$ 和 $\dfrac{\beta SI}{\varphi(I)}$ 等 4 类非线性传染率,并将其分别引入 SIRS 传染病模型中,通过构造 Liapunov 泛函和 Dulac 函数等办法,得到了具有各种类型传染率的模型无病平衡点和地方病平衡点存在的阈值,并获得了各类模型的全局稳定性的完整结果.

在第四章,对于具有潜伏期的 SEIS 传染病模型研究了疾病的持续性. 其实,从流行病学的意义上讲,研究疾病的持续性与研究疾病的最终行为有着同样重要的意义. 关于流行病的持续性已有许多学者进行了研究,第四章中将经典的这类流行病模型中通常使用双线性型和标准型的传染率修正为更合理的、形如 $\dfrac{\beta SI}{\phi(I)}$ 的传染率,并借助 Fonda 的结论得到了传染病持续存在的条件. 针对感染者在不同染病时期具有不同传染力的现象,第四章还依染病者传染力将其分成了两小类建立模型,并赋予每类染病者具有形如 $\beta_i I_i \phi_i(S)$ 的一般饱和型传染率,得到了此类模型的基本再生数 R_0,并证明了当 $R_0 < 1$ 时,无病平衡点是全局渐近稳定的;当 $R_0 > 1$ 时,惟一的地方病平衡点是局部渐近稳定的,且在特殊情况下得到了惟一的地方病平衡点是全局渐近稳定的区域.

2. 进一步研究展望

对传染病模型的研究不仅在动力学理论和方法方面有研究价

值,而且与实际应用结合紧密,与人类生存息息相关. 我决心今后将这一领域的研究继续做下去.

对于具有周期参数的传染病模型目前研究成果很少,本文也只是对一类模型进行了研究. 其实,还可考虑染病者康复后有免疫力的周期参数模型. 另外,对于染病者具有不同传染力的模型,只是研究了其具有一般饱和型传染率的情形,还可进一步研究其具有非线性传染率的情况以及染病者有潜伏期的情形,这样模型的维数会增加,难度也增加了,可能对现有的研究方法有挑战. 这些都是需要我今后进一步要考虑和研究的.

参 考 文 献

1 刘应麟. 传染病学[M]. 北京：人民卫生出版社，1997.

2 Webb G F. Theory of Nonlinear Age-dependent Population Dynamics [M]，New York：Springer-Verlag，1987.

3 Heyfitz N. Introduction to the Mathematics of Population [M]，Cambridge：Cambridge University Press，1968.

4 Song Jian，Yu Jingyuan. Population System Control [M]，Berlin：Springer-Verlag，1987.

5 赵仲堂. 流行病学研究方法与应用[M]，北京：科学出版社，2000.

6 彭文伟. 传染病学[M]，北京：人民卫生出版社，2001.

7 Kermack W. O，Mckendrick A. G. A contributions to the mathematical theory of epidemics [J]，Proc Roy Soc Lond，1927，(A) 115：700－721.

8 Kermack W. O，Mckendrick A G. Contributions to the mathematical theory of epidemics. Part II [J]，Proc. Roy. Soc. Lond，1932，(A) 138：55－83.

9 Hethcote H，Ma Zhien，Liao Shengbing. Effects of quarantine in six endemic models for infectious diseases [J]，Math. Biosci，2002，180：141－160.

10 Wang Wendi，Mulnoe G. Threshold of disease transmission in a patch environment [J]，J. Math Anal App. ，2003，285：321－335.

11 Wu Lih-Ing，Feng Zhilan. Homoclinic bifurcation in an SIQR model for childhood diseases [J]，J. Diff. Eqs. ，2000，168：

150 – 167.

12 Bailey N. T. J. The mathematical theory of infections disease, 2nd ed. , Hafner, New York, 1975.

13 Hethcote H. W, Li Y. and Jing Z. Hopf bifurcation in models for pertussis epidemiology [J], Math Compute Modeling, 1999, 30: 29 – 45.

14 Liu Wei-min, Levin S. A. and Iwasa Yoh. Influence of nonlinear incidence rates upon the behavior of SIRS epidemiological models [J], J. Math Biol. , 1986, 23: 187 – 204.

15 Liu Wei-min, Hethcote H. W. and Levin S. A. Dynamical behavior of epidemiological model with nonlinear incidence rates [J], J. Math Biol. , 1987, 25: 359 – 380.

16 Hethcote H W, van den Driessche P. Some epidemiological models with nonlinear incidence [J], J. Math Biol, 1991, 29: 271 – 287.

17 Hadeler K. P, van den Driessche P. Backward bifurcation in epidemic control [J], Mathematical Biosciences, 1997, 146: 15 – 35.

18 Beretta E, Kuang Y. Modeling and analysis of a marine bacteriophage infection [J], Math Bios. , 1998, 149: 57 – 76.

19 Bremermann H. J, Thieme H. R. A competitive exclusion principle for pathogen virulence [J], J. Math Biol. , 1989, 27: 179 – 190.

20 Beck K, Keener J P and Ricciardi P. , The effect of epidemics on genetic evolution [J], J. Math Biol. , 1984, 19: 79 – 94.

21 Mena-Lorca J, Hethcote H W. Dynamic models of infectious diseases as regulators of population sizes [J], J. Math Boil, 1992, 30: 693 – 716.

22 Gao L. Q, Hethcote H. W. Disease transmission models with density-dependent demographics [J], J. Math Boil, 1992, 30: 717 - 731.

23 Thieme Horst R. , Yang Jinling. An endemic model with variable reinfection rate and application to influenza [J], Mathematical Biosciences, 2002, 180: 207 - 235.

24 Derrick W. R. , van den Driessche P. A disease transmission model in a nonconstant population [J], J. Math Biol. , 1993, 31: 495 - 512.

25 Heesterbeek J. A. P. Metz J A J. The saturating contact rate in marriage and epidemic models [J], J. Math Biol. , 1993, 31: 529 - 539.

26 Zhou J. , Hethcote H. W. Population size dependent incidence in models for disease without immunity [J], J. Math Biol. , 1994, 32: 809 - 834.

27 Lizana M. , Rivero J. Multi-parametric bifurcation for a model in epidemiology [J], J. Math Biol. , 1996, 35: 21 - 36.

28 Castillo-Chavez C. , Feng Zhilan, To treat or not to treat: the case of tuberculosis [J], J. Math Biol, 1997, 35: 629 - 656.

29 Dushoff J. , Huang W. Castillo-Chavez C. , Backward bifurcation and catastrophe in simple models of fatal disease [J], J. Math Biol, 1998, 36: 227 - 248.

30 Hadeler K. P, Castillo-chavez C. A core group model for disease transmission [J], Math Biosci, 1995, 128: 41 - 55.

31 Pugliese A. , Population models for disease with no recovery [J], J. Math Biol. , 1990, 28: 65 - 82.

32 Kribs-Zaleta C. M. Core recruitment effects in SIS models with constant total populations [J], Math Bios. , 1999, 160: 109 - 158.

33　Li J. , Ma Z. Qualitative analysis of SIS epidemic model with vaccination and varying total population size[J], Math Compute Modeling, 2002, 20: 1235 – 1243.

34　Greenhalgh D. , Diekmann O. Mart C. M. , Subcritical endemic steady states in mathematical models for animal infections with incomplete immunity [J], Math Biosci, 2000, 165: 1 – 25.

35　Capasso V, Serrio G. A generalization of the Kermack-Mckendrick deterministic epidemic model [J], J. Math Biol. , 1978, 42: 327 – 346.

36　Huang W, Cooke K. L. and Castillo-Chavez C. Stability and bifurcation for a multiple-group model for the dynamics of HIV/AIDS transmission [J], SIAM J. App. Math, 1992, 52: 835 – 854.

37　Lin X. , Hethcote H. W. and van den Driessche P. An epidemiological model for HIV/AIDS with proportional recruitment [J], Math Bios. , 1993, 118: 181 – 195.

38　Brauer F. Models for diseases with vertical transmission and nonlinear population dynamics [J], Math Bios. , 1995, 128: 13 – 24.

39　Roberts M. G. , Heesterbeek J. A. P. A simple parasite model with complicated dynamics [J], J. Math Biol. , 1998, 37: 272 – 290.

40　Liu Wei-Min, van den Driessche P. Epidemiologocal models with varying population size and dose-dependent latent period [J], Math Bios. , 1995, 128: 57 – 69.

41　Feng Z, Thieme H R. Recurrent outbreaks of childhood diseases revisited: the impact of isolation [J], Math Biosci. , 1995, 128: 93 – 130.

42 Doyle M. , Greenhalgh D. Asymmetry and multiple endemic equilibria in a model for HIV transmission in a heterosexual population [J], Math Compute Modeling, 1999, 29: 43 - 61.

43 World health organization report, 1995.

44 Hethcote H. W. , Stech H. W. and van den Driessche P. Nonlinear oscillations in epidemic models [J], SIAM J App. Math, 1981, 40: 1 - 9.

45 Busenberg S. , van den Driessche P. Analysis of a disease transmission model in a population with varying size [J], J. Math Biol. , 1990, 28: 257 - 270.

46 Kribs-Zalta C. M. Structured models for heterosexual disease transmission [J], Mathematical Biosciences, 1999, 160: 83 - 108.

47 Cantrell R S. , Cosner C, Fagan W F. Brucellosis, botflies and brain worms: the impact of edge habitats on pathogen transmission and species extinction[J], J. Math Boil, 2001, 42: 95 - 119.

48 Li Michael Y, Graef John R, etc. Global dynamics of a SEIR model with varying total population size [J], Math Bios. , 1999, 160: 191 - 213.

49 Hethcote H. W. , Thieme H. R. Stability of the endemic equilibrium in epidemic models with subpopulations [J], Mathematical Biosciences, 1985, 75: 205 - 227.

50 Liu W. M. , Hethcote H. W. , and Levin S. A. Dynamical behavior of epidemiological model with nonlinear incidence rates [J], J. Math Biol. , 1986, 23: 187 - 204.

51 Esteva L, Vargas C. Influence of vertical and mechanical transmission on the dynamics of dengue disease [J], Math Biosci. , 2000, 167: 51 - 64.

52 Brauer F, van den Driessche P. Models for transmission of disease with immigration of infectives [J], Math Biosci, 2001, 171: 143 - 154.

53 Fan M. , Li M. Y. and Wang K. Global stability of an SEIS epidemic model with recruitment and a varying total population Size [J], Math Biosci, 2001, 170: 199 - 208.

54 Liu Wei-min. Dose-dependent latent period and periodicity of infectious diseases [J], J. Math Biol, 1993, 31: 487 - 494.

55 Li Michael Y, Muldowney James S. Global stability for the SEIR in epidemiology [J], Math Biosci, 1995, 125: 155 - 164.

56 J. Mena-Lorca, H. W. Hethcote. Dynamic models of infectious diseases as regulators of population sizes, [J], J. Math. Biol. , 1992, 30: 693 - 716.

57 Gao L. D. , Mena-Lorca J. Hethcote H. W. , Four SEI endemic models with periodicity and separatrices [J], Math Biosci. , 1995, 128: 157 - 184.

58 Langlais M, Suppo C. A remark on a generic SEIRS model and application to cat retroviruses and fox rabies[J], Mathematical and computer modeling, 2000, 31: 117 - 124.

59 Li M. Y, Smith H. L. and Wang L. Global dynamics of an SEIR epidemic model with vertical transmission[J], SIAM J App. Math, 2001, 62: 58 - 69.

60 De Jong M. C. M. , Diekmann O. & Weasterbeek J. A. P. How does transmission depend on population size? Human infections disease, epidemic models (Mollison D. ed.), Cambridge University Press, Cambridge, UK, 1995, 84 - 94.

61 Ngwa G. A, Shu W S. A mathematics model for endemic malaria with variable human and mosquito populations [J], Math Compute Modeling, 2000, 32: 747 - 763.

62 Ruan S, Wang W. Dynamical behavior of an epidemic model with a nonlinear incidence rate [J], J. Diff Equs. , 2003, 188: 135 – 163.

63 Busenberg S, Kenneth J and Thieme H. Demographic change and persistence of HIV/AIDS in a heterogeneous population [J], SIAM J App. Math. , 1991, 51: 1030 – 1052.

64 Simon C P. , Jacquez J A. Reproduction number and the stability of equilibria of SI model for heterogeneous populations [J], SIAM J App. Math, 1992, 52: 541 – 576.

65 Aron J L. Acquired immunity dependent upon exposure in an SIRS epidemic model [J], Math Bios. , 1988, 88: 37 – 47.

66 Hyman J. M. , Li J. Behavior change in SIS STD models with selective mixing [J], SIAM J App. Math, 1997, 57: 1082 – 1094.

67 Hyman J. M, Li J. Modeling the effectiveness of isolation strategies in preventing STD epidemics [J], SIAM J App. Math, 1998, 58: 912 – 925.

68 Castillo-Chavez C, Huang W and Li J. Competitive exclusion and coexistence of multiple strains in SIS STD model [J], SIAM J App. Math, 1999, 59: 1790 – 1811.

69 Diekmann O, Kretzschmar M. Patterns in the effects of infectious diseases on population growth [J], J. Math Boil, 1991, 29: 539 – 570.

70 Hethcote H. W. Three basic epidemiological models [J], Applied Mathematical Ecology, 1989.

71 Anderson R. M, May R. M. Population biology of infectious disease: Part I [J], Nature, 1979, 280: 361 – 367.

72 May R. M. , Anderson R. M. Population biology of infectious disease: Part II [J], Nature, 1979, 280: 455 – 461.

73 Anderson R. M. , May R. M. Vaccination and herd immunity to infectious diseases [J], Nature, 1985, 318: 323 - 329.

74 Earn D. J. D, Rohani P. , etc. A simple model for complex dynamical transition in epidemics [J], Science, 2000, 287: 687 - 690.

75 井竹君，刘正荣，沈家琦. Hope bifurcation and other dynamical behaviors for a fourth order differential equation in models of infectious disease [J], Acta Mathematicae Applicatae Sinica, 1994, 10(4): 401 - 410.

76 Moghdas S. M. Two core group models for sexual transmission of disease [J], Ecological Modelling , 2002, 148: 15 - 26.

77 Chattopadhyay J, Pal S. Viral infection on phytoplankton-zooplankton system-a mathematical model [J], Ecological Modeling, 2002, 151: 15 - 28.

78 Esteva L, Matlas M. A model for vector transmitted diseases with saturation incidence. Journal of Biological Systems [J], 2001, 9(4): 235 - 245.

79 Hyman James M, Li Jia, Ann Stanley E. The differential infectivity and staged progression models for the transmission of HIV [J], Math Biosci. , 1999, 155: 77 - 107.

80 Dushoff J. Incorporating Immunological ideas in epidemiological models [J], J. Theor. Biol. , 1996, 180: 181 - 187.

81 Trusot J. E. , Gillogan C. Am, Webb C. R. Quantitative analysis and model simplification of an epidemic model with secondary infection [J], Bulletin of Mathematical Biology, 2000, 62: 377 - 393.

82 Greenhalgh D. Some threshold and stability results for epidemic models with a density-dependent death rate [J], Theoretical

Population Biology, 1992, 42: 130 - 151.

83 Feng Z. , Castillo-Chavez C. A model for tuberculosis with exogenous reinfection [J], Theoretical Population Biology, 2000, 57: 235 - 247.

84 陈军杰, 张南松. 具有常恢复率的艾滋病梯度传染模型[J], 应用数学学报, 2002, 25(3): 538 - 546.

85 Hethcote H. W. The mathematics of infectious diseases[J], SIAM REVIEW, 2000, 42: 599 - 653.

86 Inaba H. Threshold and stability results for an age-structured epidemic model [J], J. Math. Biol. , 1990, 28: 411 - 434.

87 Busenberg S. N. , Hadeler K. P. Demography and epidemics [J], Mathematical Biosciences, 1990, 101: 63 - 74.

88 Busenberg S. N, Cooke K. L. and Irannelli M. Endemic, thresholds and stability in a case of age-structured epidemics [J], SIAM J. App. Math, 1988, 48: 1379 - 1395.

89 L. Esteva, C. Vargas. Analysis of a dengue disease transmission model, Math. Biosci. , 1998, 150: 131 - 151.

90 Cha Y, Irannelli M and Milner F A. Existence and uniqueness of endemic states for the age-structured S - I - R epidemic model [J], Mathematical Biosciences, 1998, 150: 177 - 190.

91 Tudor D W. An age-dependent epidemic model with applications to measles [J], Math Biosci. , 1985, 73: 131 - 147.

92 Muller J. Optimal vaccination patterns in age-structured populations: endemic case [J], Math. Compute Modeling, 2000, 31: 149 - 160.

93 Thieme H. R. Disease extinction and disease persistence in age structured epidemic models [J], Nonlinear analysis, 2001, 47: 6181 - 6194.

94 Ruan Shigui, Wang Wendi. Dynamical behavior of an epidemic model with a nonlinear incidence rate [J], J. Diff. Equs. , 2003, 188(1): 135 – 163.

95 EI-Doma M. Analysis of an age-dependent SIS model with vertical transmission and proportionate mixing assumption [J], Math Compute Modeling, 1999, 29: 31 – 43.

96 Castillo- Chavez C. , Feng Z. Global stability of an age-structure model for TB and its applications to optimal vaccination strategies [J], Math Biosci. , 1998, 151: 135 – 154.

97 Beretta E, Hara T, etc. Global asymptotic stability of an SIR epidemic model with distributed time delay [J], Nonlinear analysis, 2001, 47: 4107 – 4115.

98 Brauer F. Time lag in disease models with recruitment [J], Mathematical and Compute Modeling, 2000, 31: 11 – 15.

99 Beretta E, Takeuchi Y. Convergence results in SIR epidemic model with varying population sizes [J], Nonlinear analysis, 1997, 28: 1909 – 1921.

100 Takeuch Y, Ma W and Beretta E. Global asymptotic properties of a delay SIR epidemic model with finite incubation times[J], Nonlinear Analysis, 2000, 42: 931 – 947.

101 Culshaw R. V, Ruan S. A delay-differential equation model of HIV infection of CD4 T-cells[J], Math Biosci. , 2000, 165: 27 – 39.

102 Wang Wendi. Global Behavior of an SEIRS epidemic model time delays, [J], Applied Mathematics Letters, 2002, 15: 423 – 428.

103 Hethcote H. W, van den Driessche P. Two SIS epidemiologic models with delays [J], J. Math Biol. , 2000, 40: 3 – 26.

104 Wang Wendi and Ma Zhien. Global dynamics of an epidemic

model with time delay [J], Nonlinear Analysis: Real Word Applications, 2002, 3: 365 - 373.

105 Xiao Y, Chen L and ven den Bosch F. Dynamical behavior for a stage-structured SIR infectious disease model [J], Nonlinear Analysis: Real Word Applications, 2002, 3: 175 - 190.

106 Yuan Sanling, Ma Zhien. Global stability and hopf bifurcation of an SIS epidemic model with time delays [J], Journal of System Science and Complexity, 2001, 14: 327 - 336.

107 Cooke K. L. Stability analysis for a vector disease model [J], Rocky Mount J Math, 1979, 7(2): 253 - 263.

108 Beretta E, Cappsso V. and Rinaldi F. Global stability results for a generalized Lotka-Volterra system with distributed delays: applications to predator-prey and to epidemic systems [J], J. Math. Biol. , 1988, 26: 661 - 688.

109 Hethcote H. W. , Lewis M. A. and van den Driessche P. An epidemiological model with a delay and a nonlinear incidence rate[J], J. Math Biol. , 1989, 27: 49 - 64.

110 Brauer F. Models for the spread of universally fatal disease [J], J. Math Boil, 1990, 28: 451 - 462.

111 Beretta E, Takeuchi Y. Global stability of an SIR epidemic model with time delays [J], J. Math Biol. , 1995, 33: 250 - 260.

112 Hethcote H. W. , van den Driessche P. An SIS epidemic model with variable population size and a delay [J], J. Math Biol. , 1995, 34: 177 - 194.

113 Cooke K. L. , van den Driessche P. Analysis of SEIRS epidemic model with two delays[J], J. Math Biol. , 1996, 35: 240 - 260.

114 Cooke K, van den Driessche P. and Zou X. Interaction of

maturation delay and nonlinear birth in population and epidemic models [J], J. Math Biol. , 1999, 39: 332 - 352.

115 Ven den Driessche P, Watmough J. A simple SIS epidemic model with a backward bifurcation [J], J. Math Biol. , 2000, 40: 525 - 540.

116 Zhao X, Zou X. Threshold dynamics in a delayed SIS epidemic model[J], J. Math Anal App. , 2001, 257: 282 - 291.

117 Wang Wendi. Global stability of a delayed endemic model [J], 工程数学学报, 2002, 19(4): 17 - 25.

118 Stech H, Williams Michael. Stability in a class of cyclic epidemic models with delay [J], J. Math Biol. , 1981, 11: 95 - 103.

119 李建全,杨友社. 一类带有确定隔离期的传染病模型的稳定性分析 [J],空军工程大学学报(自然科学学报),2003,4(3): 83 - 86.

120 Roberts M G, Kao R. R. The dynamics of an infectious disease in a population with birth pulses [J], Math Bios. , 1998, 149: 23 - 36.

121 Fonda A. Uniformly persistent semi-dynamical systems [J], Proc Amer Math Soc, 1988, 104: 111 - 116.

122 Ruan Shigui, Wang Wendi, Dynamical behavior of an epidemic model with a nonlinear incidence rate [J], J. Differential Equations, 2003, 188: 135 - 163.

123 Mukherjee D. Uniform persistence in a generalized prey-predator system with parasitic infection [J], Bio-Systems, 1998, 47: 149 - 155.

124 Cappasso V. Mathematical structures of epidemic systems [M] Springer-Verlag, Heidelberg, 1993.

125 Xiao Y. , Chen L. Analysis of three species eco-

epidemiological model[J], J. Math Anal App. , 2001, 258: 733 - 754.

126　Hadeler K. P, Freedman H I. Predator-prey populations with parasitic infection [J], J. Math Biol. , 1989, 27: 609 - 631.

127　Xiao Y, Chen L. Modeling and analysis of a predator-prey model with disease in the prey [J], Math Bios. , 2001, 170: 59 - 82.

128　Venturino E. The effects of disease on competing species[J], Mathematical Biosciences, 2001, 174: 111 - 131.

129　Han L. , Ma Z. and Hethcote H. M. Four predator prey model with infectious diseases [J], Mathematical and Computer Modeling, 2001, 34: 849 - 858.

130　Chattopadhyay J. , Arino O. A predator-prey model with disease in the prey [J], Nonlinear Analysis, 1999, 36: 747 - 766.

131　Diekmann O, Heesterbeek J A P and Metz J A . J. On the definition and the computation of the basic reproduction ration in models for infectious disease in heterogeneous populations [J], J. Math Biol. , 1990, 28: 365 - 382.

132　Kretzschmar M. , Jager J. C, etc. The basic reproduction ratio for a sexually transmitted disease in a pair formation model with two types of pairs [J], Math Biosci, 1994, 124: 181 - 205.

133　Becker N G, Starczak D N. Optimal vaccination strategies for a community of households [J], Math Biosci, 1997, 139: 117 - 132.

134　王稳地. 传染病数学模型的稳定性和分枝[D]. 西安交通大学博士学位论文,2002.

135　Feng Z, Thieme H. R. Endemic models with arbitrarily

distributed periods of infection, I: General theory [J], SIAM J Appl. Math, 2000, 61: 803 – 833.

136 Feng Z. , Thieme H. R. Endemic models with arbitrarily distributed periods of infection, II: Fast disease dynamics and permanent recovery [J], SIAM J Appl. Math, 2000, 61: 983 – 1012.

137 Hyman J M, Li J. An intuitive formulation for the reproductive number for the spread of disease in heterogeneous populations [J], Mathematical Biosciences, 2000, 167: 65 – 86.

138 R. M. Anderson, R. M. May. Infectious disease of humans, Oxford University Press, Oxford, 1991.

139 Boese F G. Stability with respect to the delay: on a paper of K L Cooke and P. van den Driessche [J], J. Math Anal Appl, 1998, 228: 293 – 321.

140 Hethcote H. W, Tudor D. W. Integral equation models for endemic infectious diseases [J], J. Math Biol, 1980, 9: 37 – 47.

141 Zhang Zhi-fen, Ding Tong-ren, etc. Qualitative Theory of Differential Equations (Translations of Mathematical Monographs) [M] Rhode Island: Amer. Math Soc, 1992.

142 LaSalle J. P. The stability of dynamical systems, Regional to Conference Series in Applied Mathematics [M] Philadelphia: SIAM, 1976.

143 Kuang Y. Delay Differential Equations with Applications in Population Dynamics [M] Boston: Academic Press, 1993.

144 Krasnoselskii M. A. Positive Solutions of Operator Equations [M] Groningen: Noorhoff, 1964.

145 Cooke K L, van den Drressche P. On zeros of some

transcendental equation ［J］, Funkcial Evac, 1986, 29：
77 - 90.

146 Huang Qing, Ma Zhien. On stability of some transcendental equation ［J］, Ann of Diff. Eqs. , 1990, 6：21 - 31.

147 Beretta E, Kuang Y. Geometric stability switch criteria in delay differential systems with delay dependent parameters ［J］, SIAM J. Math Anal. , 2002, 33：1144 - 1165.

148 Kuang Y, So J. W. Analysis of a delay two-stage population model with spaced-limited recruitment ［J］, SIAM J. App. Math, 1995, 55：1675 - 1696.

149 马知恩，李建全. 一类带有间隙分布时滞的种群增长的稳定性 ［J］，生物数学学报，1991，6：24 - 38.

150 马知恩，王稳地等. 传染病动力学模型的建立［M］,北京：科学 出版社,2004 年.

攻读博士学位期间的主要研究成果

论文：

[1] Wang ladi, Li jianquan. Global stability of an epidemic model with nonlinear incidence rate and differential infectivity[J], Applied Math and Computation, 161(2005)：769 - 778.(SCI 源刊).

[2] Wang ladi, Li jianquan. Qualitative analysis of an SEIS epidemic model with nonlinear incidence rate, [J], Applied Mathematics and Mechanics (to appear).

[3] 王拉娣, 李建全. 一类带有分布时滞的传染病模型分析, [J], 上海大学学报(自然科学版), 2003, 8(4)：354 - 357.

[4] 王拉娣. 一类含有非线性传染率的传染病模型的全局稳定性, [J], 应用数学与计算数学学报, 2004, 18(1)：52 - 56.

[5] 王拉娣. 一类带有非线性传染率的 SIRS 传染病模型, [J], 华北工学院学报(自然科学版), 2005(2).

[6] 王拉娣. 一类水域生物动力系统的定性分析, [J], 数学实践与认识(已录用, 待发表).

[7] Wang ladi, Li jianquan. An SIRS epidemic model with nonlinear incidence rate, [J], 上海大学学报(英文版), 待发表.

[8] 王拉娣. 带有非线性传染率的传染病模型的全局稳定性, [J], 工程数学学报, (已录用, 待发表).

课题：

[1] 王拉娣, 李建全等, 传染病数学模型的建立、研究与应用, 2003 年山西省高校科技项目, 编号 2003086, 已完成并通过鉴定, 项目负责人(排名第一).

　　［2］　王拉娣,张所地等,恶性传染病模型的建立与研究,2003年山西财经大学重点课题,编号 KY03008,已完成并通过鉴定,项目负责人(排名第一).

　　［3］　王拉娣,刘振洁等,将数学建模思想与方法融入经济管理类大学数学主干课程中的教学单元的研制与试验,2002 国家教育部教改课题子课题.

　　［4］　王拉娣,刘振洁等,面对经济全球化,构建经济管理类"高等数学"课程新体系,2002 年山西省教育厅教改项目.

获奖：

　　［1］　数学建模案例分析[M],2002 年 10 月获山西省教学成果 2 等奖,排名第一.

　　［2］　2003 年获山西省首届教学名师称号.

致　　谢

本文的顺利完成,离不开各位良师益友的悉心指导和帮助以及家人的理解与支持,在此,我衷心地向他们表示感谢!

首先,衷心感谢我的导师王汉兴教授.3年前,是他同意我报考并最终录取了我,给了我再次深造和圆梦的机会.王老师以其渊博的理论知识和敏锐的科研嗅觉使我在研究工作中受益终身,他在学术上严谨求实、一丝不苟和勇于探索的拼搏精神成为我学习的榜样,在工作上高度负责和无私忘我的奉献精神是我未来生活和工作的楷模.

还要感谢西安交通大学马知恩教授,18年前是他带我走进了动力系统研究领域,完成了我的硕士学业.近3年来又在传染病模型的研究方面给我提供了许多参考资料和指导.

感谢刘曾荣教授、冷岗松教授3年来对我的指导和帮助.

感谢韩伯顺、张翼、林怡平、唐茅宁、李红霞等学友们的友好相处和无私帮助.

感谢我的先生和女儿对我由衷的理解和支持,特别感谢我的老父亲,我的母亲去世后,70有余的他独自一人生活.在我攻读博士学位期间,很少能去看望他,老父亲无半句埋怨,而总是把我的论文写作和能否顺利毕业挂在心上,使我每每愧疚而不敢有半点懈怠.

毕业在即,我心中充满了感激之情.感激上海大学给了我良好的学习环境,感激理学院、数学系各位领导、老师对我的教育和培养……

我要把感激之情化做我今后学习、工作的动力,以一颗感恩的心去爱每一个人、去工作、去生活、去回报社会!